2008·5·12

地震科普

孙进忠　张玉川　主编

等震线

震中距

震中

震源深度

汕頭大學出版社

图书在版编目（CIP）数据

地震科普 / 孙进忠，张玉川主编 .—汕头：汕头
大学出版社，2018.5
ISBN 978-7-5658-3661-9

Ⅰ.①地… Ⅱ.①孙… ②张… Ⅲ.①地震—普及读
物 Ⅳ.① P315-49

中国版本图书馆 CIP 数据核字（2018）第 127160 号

地震科普　　　　　　　　　　　　　　　　　　DIZHEN KEP

主　　编：孙进忠　张玉川
责任编辑：李金龙
责任技编：黄东生
封面设计：汤　丽
出版发行：汕头大学出版社
　　　　　广东省汕头市大学路 243 号汕头大学校园内　邮政编码：515063
电　　话：0754-82904613
印　　刷：北京市金星印务有限公司
开　　本：787mm×1092mm　1/16
印　　张：9.75
字　　数：130 千字
版　　次：2018 年 10 月第 1 版
印　　次：2018 年 10 月第 1 次印刷
定　　价：29.80 元
ISBN 978-7-5658-3661-9

参编人员及单位

主　编：孙进忠　张玉川

副主编：张慧杰　李　高　安小伟

编委会：王学东　李孝波　苏占东　田梦楠　杜　洋　李小康　陈　祥

　　　　韩赛超　周富彪　徐永春　李建云　皮海燕　杨　芸　颜　旭

参编单位：北京市门头沟区地震局

　　　　　北京市东城区科学技术协会

　　　　　北京东城振动学会

前　言

　　大地震给人带来的痛是毕生的。过往的灾难已经发生，但我们所希望的是在不要遗忘的基础上，去思考如何避免或者降低此类灾害造成的伤害。鉴于人类目前尚不能做到对地震的精确监测预报，因此在防震避震方面多做文章就成为当下最有效的减灾手段。从个人层面看，学习防震避震知识与技能，提高应急避险逃生意识是最有效的防灾减灾手段。有关普通民众如何防震、逃生的书籍可谓汗牛充栋，如果把所有与地震相关的书籍都搜集起来，恐怕要花上很长时间才能读完。作为一个普通人，我们既没有精力更没有这个必要去把这些书籍全部读完，通过读其中一本或者几本著作，我们只要知道地震是怎么发生的和地震来了应该怎么办就足够了。

　　在震时短短几十秒的时间内，人的第一反应几乎是在知识存量和心理素养驱动下的本能反应，只有在比较系统的了解地震发生的原因、灾害的特点和应急逃生的基本原则等方面的知识，才能在极短时间内做出最有利的应急避险逃生的措施。这也是我们编著《地震科普》这本书的初衷。地震科普这本书系统介绍了与地震相关的知识，这些知识基本涵盖了目前人类对地震的认识水平。全书以我们生活的地球为开篇，向读者介绍了它的基本概况，在此基础上引出地震，并比较全面和科学的讲解了地震发生的原因。接下来的地震灾害、地震监测预报、地震灾害防御、地震应急救援和防灾宣传与避险救助等章节则循序渐进的向读者阐述了地震灾害的种类、特点及防御原则。

地震来时，我们或许正处于睡眠、工作、逛商场、耕田等状态，不同的情况需要采取的防震避震措施会有所不同，震后逃生面对的环境也不一样，但有一点是一样的——冷静面对。强调冷静不是坐等地震的发生，震后安然的走出去避难；强调冷静不是面对需要救助的人而不采取任何措施只是等待专业救援人员的到来；同样的道理，强调冷静不是对地震的消极应对，而是用更积极的心态去冷静处理。人与人的性格特点、后天的教育培养和具有的知识技能有着很大的不同，因此人与人之间遇到紧急事件的表现也有着极大的不同。有的人天生就性格沉稳，处变不惊，而有的人有一点小事就六神无主，不知所措。所以希望有机会读此书的朋友们在全面了解地震灾害特点及应急自救逃生技能的基础上，根据自身条件，在震时做出最有利的判断。这种判断，我们可以在读这部书的过程中根据自身情况和日常生活环境进行预设，去思考如何防御地震灾害，这样才能够做到遇震不乱，或者做到在短暂慌乱后很快冷静下来积极应对地震。

这部书能够成册并出版，得到了北京市东城区科学技术协会和东城振动学会的大力支持，没有这两个单位资金和人力支持，这本书不可能顺利出版。同时，李孝波博士、苏占东博士、张慧杰博士等为此书整理了大量的资料，并为最后的编撰做了大量艰辛工作，在此特别表示感谢；门头沟区地震局王学东局长和东城区科学技术协会李小康主席为此书提出了宝贵的修改建议，在此对参与编写本书的全体同仁表示最诚挚的谢意。

再次感谢大家！

张玉川

2017 年 12 月于北京

目　录

第一章 地球

　　地震是在地球上发生的自然现象。地震与地球密切相关，为了解地震，我们得先了解一下地球。如图 1.1 所示，我们所居住的地球是太阳系八大行星中的一员，按与太阳的距离由近到远，这八大行星依次为：水星、金星、地球、火星、木星、土星、天王星、海王星。[1]太阳系的行星围绕恒星太阳公转的同时，自身也在围绕自己的极轴转动。地球绕太阳公转的轨道为椭圆，轨道长半轴长度约为 149600000 km，轨道短半轴长度约为 149580000 km，公转一周时间平均约为 365.25 d，公转线速度约为 30 km/s。地球绕自身极轴（自转轴）自西向东自转的角速度约为 15°/h，赤道处的自转线速度为 465 m/s，自转一周的时间约为 23 h 56 min 4 s。下面，我们从地球的形状大小、圈层结构、物理性质和构造运动几个方面，进一步了解一下地球，进而更好地理解地震现象。

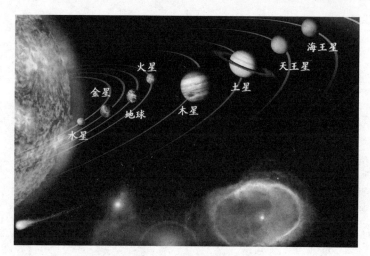

图 1.1　太阳系中的八大行星

一、地球的形状大小

从人造卫星拍摄的照片上看,地球是一个近乎于球形的椭球体(图1.2)。为便于地球表面的测量定位，人们规定了地球的经纬网作为地球表面的定位系统（图1.3，图1.4）。

图 1.2　地球外貌

图 1.3　地球的经纬网

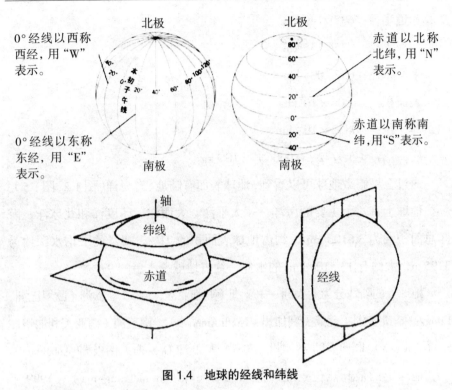

0°经线以西称西经，用"W"表示。

赤道以北称北纬，用"N"表示。

0°经线以东称东经，用"E"表示。

赤道以南称南纬,用"S"表示。

图 1.4　地球的经线和纬线

如图 1.4 所示，垂直于地球极轴的一系列平面与地球表面相交形成的大圆就是地球的纬线，在赤道上纬线周长最大（赤道周长约为 40075 km），离开赤道向北、向南，纬线周长逐渐减小，到南北两个极点（S 极、N 极）纬线周长为 0。地心到纬线大圆上任一点连线与赤道平面的夹角为纬线的纬度，赤道的纬度为 0°，南北两个极点的纬度为 90°，赤道以南称为南纬，赤道以北为北纬。地球的经线是通过极轴的平面与地球表面相交形成的大圆弧，经线的两端分别抵达地球的南极（S）和北极（N）。经线又称子午线，子午线周长大约 40000 km。国际上规定，经过伦敦格林尼治天文台的子午线作为起点（称为本初子午线，经度为 0°），向西 0°—180°称为西经，向东 0°—180°称为东经。

1975 年第 16 届国际大地测量和地球物理协会修订并公布的关于地球大小的数据如下：

赤道半径：6378.140 km

两极半径：6356.755 km

平均半径：6371.004 km

表面积：$5.1006 \times 10^8 \, km^2$

体 积：$1.0832 \times 10^{12} \, km^3$

质 量：（5.9742 ± 0.0006）$\times 10^{24} \, kg$

通过卫星俯瞰地球可以看到，地球表面有陆地、有海洋（图1.2，图1.5）。

地球上有4个主要的海洋——太平洋、大西洋、印度洋和北冰洋，海洋总面积约为 $3.6108 \, km^2$，约占地球表面积的71%，海洋的平均水深约为3795 m，大约有 $13.5108 \, km^3$ 的水体，约占地球总水量的97%。

地球上的陆地分为七大洲——亚洲（亚细亚洲，Asia）、欧洲（欧罗巴洲，Europe）、北美洲（北亚美利加州，North America）、南美洲（南亚美利加州，South America）、非洲（阿非利加州，Africa）、大洋洲（Oceania）、南极洲（Antarctica）。

地球上的最高点位于亚洲的珠穆朗玛峰（Jo-moglang-ma），1999年美国国家地理学会使用全球卫星定位系统测定的珠峰海拔高度为8850 m。地球上的最低点位于西太平洋马里亚纳群岛和日本东南侧的马里亚纳海沟，1995年3月日本的海沟号潜水器测得的深度为10911.4 m。

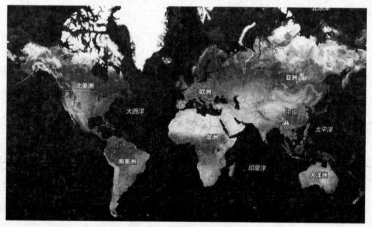

图1.5 世界卫星地图

图 1.6 地球的七大洲、四大洋

二、地球的结构

地球不是一个均质体，具有层圈结构，以地表为界可以分为内圈和外圈。内圈指固体地球部分，外圈则包括生物圈、大气圈和水圈（图 1.7）。它们又可再分为几个圈层，每个圈层都有自己的物质运动特点和物理、化学性质，对动力地质作用各有程度不同的、直接的或间接的影响。所以，必须了解它们的基本特征，这样才能更深刻地理解动力地质作用的原理。

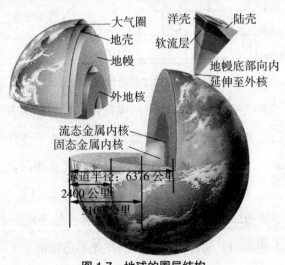

图 1.7 地球的圈层结构

（一）地球的内圈

世界上最深的人工钻井仅 10 km 多一点，目前人类竭尽全力搜集到的实际地质资料只反映固体地球表层不超过 30 km 的深度范围。这与地球半径比较起来，只能说才了解到地球的皮毛。到目前为止，地球科学仍然只能借助地震波这一手段探索地球内部。地震波在传播途中遇到不同的界面会发生折射和反射，同时改变波速。地震波波速在某一深度变化明显时，该深度上下的地球物质在成分上或物态上有改变或两者都有改变，这个深度就可作为上下两种物质的分界面，地球物理学上称其为不连续面或界面。地震波的传播速度总体上是随深度增加而递增的，但其中出现了 2 个明显的一级波速不连续界面、1 个明显的低速带和几个次一级的波速不连续面（图 1.8）。

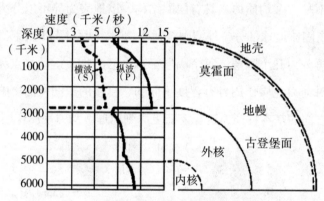

图 1.8　地震波速度与地球内部构造图

1909 年，南斯拉夫地震学家莫霍格维奇首先发现在地表以下存在一个纵波波速从 7 km/s 提高到 8 km/s 的界面，后来将这个不连续面称为"莫霍格维奇不连续面"，简称莫霍面（Moho 或 M 面）。莫霍面以上称为地壳，以下称为地幔。

1914 年，美国地球物理学家古登堡确定该界面位于地下 2885 km 深处，称此为古登堡不连续面，简称古登堡面。在此不连续面上下，纵波速度由

13.64 km/s 突然降低为 7.98 km/s，横波速度由 7231 km/s 向下突然消失，并且在该不连续面上地层波出现极明显的反射、折射现象。古登堡面以上到莫霍面之间的地球部分称为地幔；古登堡面以下到地心之间的地球部分称为地核。1936 年，丹麦人来曼发现在古登堡面下还有一个地震波速突变面，在这里纵波速度又逐渐上升，并且横波（由纵波转换产生）又复出现，说明地核内部存在固体介质。于是，他提出地核分为内外两部分，外核为液体，内核为固体。这一认识为后来地下氢弹爆炸的地震记录所证实。1962 年，人们进一步认识到地核从液态到固态的变化不是突然的，其间有一个性质逐渐变化的过渡带。

低速层出现的深度一般介于 60 ～ 250 km，接近地幔的顶部。在低速层内，地震波速度不仅未随深度而增加，反而比上层减小 5% ～ 10%。低速带的上下没有明显的界面，波速的变化是渐变的；同时，低速层的埋深在横向上是起伏不平的，厚度在不同地区也有较大变化：横波的低速层是全球性普遍发育的，纵波的低速层在某些地区可以缺失或处于较深部位。低速层在地球中所构成的圈层被称为软流圈。软流圈之上的地球部分被称为岩石圈。

因此，地球的内部构造可以以莫霍面和古登堡面为分界面，划分为地壳、地幔和地核 3 个主要圈层（图 1.8）。根据次一级界面，还可以把地幔进一步划分为上地幔和下地幔，把地核进一步划分为外地核、过渡层及内地核。在上地幔上部存在着一个软流圈，软流圈以上的上地幔部分与地壳一起构成岩石圈。

1. 地壳

地壳是固体地球的最外一圈，由岩石组成，是一个相对刚性的外壳。其下界以莫霍面与地幔分开。地壳的厚度和性质变化很大，平均厚度约为 16 km，只有地球半径的 1/400，体积只有地球体积的 0.8%。

Le Pichon（1968）将地球表面分成6个坚硬的板块，图1.9表示6个板块的5个边界，以及板块名称。Le Pichon（1968）将全球岩石圈6个大板块分别称为欧亚板块、美洲板块、非洲板块、太平洋板块、印度澳洲板块和南极洲板块。这些板块的界线并不是大陆的边缘，而是洋脊、岛弧构造和大断裂，所以除了太平洋板块完全是水域外，其他板块都包括部分海洋与大陆。

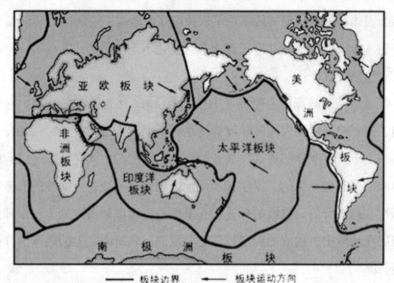

图 1.9　全球六大板块及其边界位置

对六大板块的描述如下：

（1）非洲板块：非洲板块是约在550 Ma的，超级大陆冈瓦纳组合期间，由一些大陆地块或克拉通（古老岩石的稳定大陆地块）汇聚在一起而形成的。这些克拉通进一步划分为较小的地块。非洲板块沿着东非裂谷正在裂开。裂谷隔开西边的纳比亚板块和东边的索马里亚板块。非洲板块在过去的100 Ma左右向东北反向运动，速率约是2.15 cm/a。运动向欧亚大陆逼近，导致海洋地壳与大陆地壳汇聚消减（如在地中海的中东部）。在地中海西部、非洲板块和欧亚板块的相对运动，产生侧向和压应力的组合集中在亚速尔—

直布罗陀断裂带上。非洲板块的东北边界是红海裂谷，在这里，阿拉伯板块离非洲板块而去。

（2）南极洲板块：南极洲板块包括南极大陆和周围海域。南极洲板块的边界是与纳斯卡板块、南美板块、非洲板块、印度－澳洲板块和斯科舍板块之间的边界，另外，与太平洋板块之间是一条离散边界，组成太平洋－南极洲洋脊。南极洲板块的运动速率至少是 1 cm/a，向着大西洋运动。南极洲板块面积约是 $1.67 \times 10^7 \, km^2$，是全球第五大板块。

（3）印度－澳洲板块：包括澳大利亚大陆和周围的海洋，以及向西北方向扩展到的印度次大陆和邻近海域。板块的东南面，一般说来是与太平洋板块有关的汇聚边界。太平洋板块在澳大利亚板块下面消减，形成汤加海沟和克马德克海沟，以及平行的汤加岛弧和克马德克岛弧。同时，抬升了新西兰北岛的东部。新西兰以内的边界是转换－汇聚边界，即麦阔里断层，澳大利亚板块从这里沿着普伊斯哥（Puysegur）海沟消减到太平洋板块下面。普伊斯哥海沟向西南延伸便是麦阔里洋脊。板块的南面与南极洲板块相接的离散边界，称为东南印度洋洋脊。板块的西面与阿拉伯板块相接的转换边界，称为欧文断裂带；同时，与非洲板块相接的离散边界，称为欧文断裂带中印度洋洋脊。板块的北面与欧亚板块相接的是汇聚边界，形成喜马拉雅山脉和兴都库什山脉。板块的东北面在孟加拉－缅甸－印尼群岛，与欧亚板块相接的是汇聚边界。近来研究认为，印度－澳洲板块可能处于分裂成两个板块的过程中，两个次级板块是印度板块和澳大利亚板块。

（4）欧亚板块：欧亚板块包括除了印度次大陆、阿拉伯次大陆和西伯利亚东部的切尔斯幕山系以东区域之外的大部分欧亚大陆；以及向西延伸到大西洋洋中脊和向北延伸到北冰洋洋脊（北加克尔洋脊）。板块东边的北段和南段分别是与北美板块和菲律宾海板块相接的边界。板块南边的西段、中段和东段是分别与非洲板块、阿拉伯亚板块和印度澳洲板块相接的边界。板块西边是与北美板块相接的离散边界，形成大西洋洋脊的最北部分。

（5）美洲板块：分为北美板块和南美板块。北美板块涵盖北美、格陵兰和西伯利亚的一部分，向东延伸到大西洋中脊，向西延伸到东西伯利亚的切尔斯基山脉。板块涉及两个大陆和海洋地壳。主要的陆块内部包含一个广大的花岗岩核心（克拉通），在漫长的地质时期的构造作用下，沿着该克拉通边缘的大部分，增生出地壳物质的碎块，称为岩体。北美西部的落基山脉可能是由这些岩体组成的。南美板块涵盖南美大陆，向西扩展到东太平洋隆起，板块东边也是与非洲板块相接的离散边界，构成大西洋洋脊的南半部。板块南边是分别与南极洲板块和斯科舍板块相接的复杂边界。板块四边是与消减的纳斯卡板块相接的汇聚边界。北面是与加勒比板块相接的边界。纳斯卡板块和科科斯板块在南美板块西边缘消减，导致大规模安第斯山脉的拾升和火山活动。有证据表明，南美板块正以非常缓慢的速度向北运动。

（6）太平洋板块：太平洋板块是一个海洋板块。板块东面的北段是分别与 Explorer 板块、Juan de Fuca 板块和 Gorda 板块相接的离散边界，形成 Explorer 洋脊、Juan de Fuca 洋脊和 Gorda 洋脊；中段是沿着圣安德烈斯断层与北美板块相接的转换边界，以及与科科斯板块相接的边界；南段是与纳斯卡板块相接的离散边界，形成东太平洋隆起。板块南面与南极洲板块相接的离散边界，形成太平洋－南极洋洋脊。板块西面的北段是板决消减到欧亚板块下面的汇聚边界；中段消减到菲律宾海板块下面的汇聚边界，形成马尼拉海沟；板块南面大体上是与印度－澳洲板块相接，消减到新西兰以北下面的汇聚边界。太平洋和印度－澳洲两个板块之间的 Alpine 断层是转换边界；再南面，印度－澳洲板块消减到太平洋板块下面。板块北面是板块消减到北美板块下面的汇聚边界，形成阿留申岛弧和海沟。

2. 地幔

地幔介于莫霍面和古登堡面之间，厚度在 2800 km 以上，平均密度为

4.5 g/cm^3，占地球体积的 83%，占地球总质量的 2/3。

3. 岩石圈和软流圈

地下 0 ～ 70 km 通常称岩石圈。它实际上包括地壳和上地幔的顶层。这是一个不算很厚的板，由固态物质组成。

70 ～ 250 km 为软流圈，位于上地幔上部岩石圈之下，深度在 80 ～ 400 km，是一个基本上呈全球性分布的地内圈层。

4. 地核

地核在古登堡面与地幔分界。由 2900 km 深度处至地心为地核，厚 3473 km，占地球体积的 16.3%，占地球总质量的 1/3。

（二）地球的外圈

地球表面以上，充满了大气、水和生物，自然地形成了大气圈、水圈及生物圈。它们包围地球，各自形成连续完整的圈层。

1. 大气圈

大气圈是地球表面包围固体地球的大气层，厚度可达几万千米以上，两极薄、赤道厚。由于地心引力作用，接近地面的大气较为稠密，向外层逐渐变稀薄，最后过渡为宇宙空间。随着高度的变化，大气圈的密度、温度、成分等物理状态都有一系列的变化。按密度和成分由下至上可将大气圈进一步分为对流层、平流层、中间层和热层。

2. 水圈

水圈是由水体组成的地球表层，地表最大的水体是海洋，占地表水总量的 97%，属于咸水；另一部分散布在陆地上的河流、湖泊、冰层、土壤和岩石孔隙中，属于淡水。即使在沙漠里的地下较深处也有水。此外，在大气下层和生物中也含有水分。这些水包围着地球形成一个连续的封闭圈。

水圈的厚度因地而异，厚度可达 11 km 以上，最高的山区地下水层厚度可达 10 km。

水为行星地球所特有。它是一切生命诞生和繁衍的前提。太阳系的其他行星成员中没有生命正是由于没有水。在那些茫茫沙海中，生物难以生存同样是由于缺乏水。

现在认为水圈中水的总量是不变的，但在不同的条件下以固、液、气 3 种状态不断地相互转化着，同时也以蒸发、运移、降水等方式经久不息地循环着（图 1.10）。

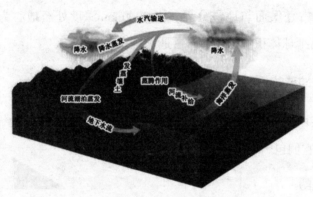

图 1.10　水圈示意图

3. 生物圈

生物圈是地球上生物生存和活动的范围，生物包括动物、植物和微生物。

地球表面生长着种类繁多的生物。它们在不同的环境中各展优势，占据了地表的每一个角落，使地球生机盎然。微生物的生存适应能力相当惊人，在温度 –50℃～ 180℃、压力高达 8000 Pa 的情况下仍能成活。在大气圈 10 km 的高空、地壳 3 km 深处和深海底都发现有生物存在。大量生物则集中在地表和水圈上层，包围着地球形成一个完整的封闭圈。

在生物圈内，各种生物组合各自形成生物链，纵横交错、互相依存，与水圈和大气圈进行着复杂的物质交换，共同构成一个完整的自然平衡。

三、地球的物理性质

（一）地球的质量和密度

最早试图计算地球质量的是苏格兰的郝屯。他在山坡上测量悬垂的小物体偏离垂线的角度，先求出山体对物体的附加引力，进而求解地球的引力。1798 年，英国的卡文迪许利用更为精确的扭秤法，求得地球的引力常数为 $6.67 \times 10^{-11} km^3/ (g \cdot s^2)$，推算了地球的平均密度为水密度的 5.481 倍。现代计算地球质量时，以旋转椭球作为地球模型，并进一步考虑了地球内部温度、压力的变化和物质分布不均等因素，结合动力学分析，得到地球的质量为 $5.9472 \times 10^{24} kg$。再利用地球的体积可以得出地球的平均密度为 5.516 g/cm^3。

但在实际测量中发现，在地表出露岩石中，砂岩、页岩、石灰岩等沉积岩的平均密度为 2.6 g/cm^3，花岗岩的密度为 2.858 g/cm^3，都远小于地球的平均密度。因此，可以推断地球内部大部分的密度都大于地球的平均密度，内部存在着高密度物质。

目前，世界上最深的科拉超深钻孔仅达到约 12.5 km 的深度，只有地球平均半径 6371 km 的约 1/530。因此，对地球内部物质的研究主要依靠各种间接的手段。如通过对大量陨石的成分和结构的鉴定与对比，通过对重力、地磁、地电、地热及地震波的研究所得到的信息进行分析等。计算结果表明，地球内部的密度由表层的 2.7 ~ 2.8 g/cm^3 向下逐渐增加到地心处的 12.51 g/cm^3，并且在一些不连续面处有明显的跳跃，其中以古登堡面（壳－幔界面）处的跳跃幅度最大，从 5.56 g/cm^3 剧增到 9.98 g/cm^3；在莫霍面（壳－幔界面）处密度从 2.9 g/cm^3 左右突然增至 3.32 g/cm^3。

（二）地球的重力

地球表面的重力指地面某处所受地心引力和该处的地球自转离心力的

合力，地球引力与质量 m 成正比，与地心距离 r 的平方成反比，即地球内任一点 P 的重力 $g=Gm/r^2$（G 为万有引力常数）（图 1.11）。地面重力场的变化是随纬度增加而增加，随高度增加而减小的。重力加速度在赤道处为 978.0318 cm/s；在两极处为 9832177 cm/s。

而在地球内部，由于质量（密度）和半径两方面的变化，情况与地表相比不尽一致。一方面，深度增加使半径减小，使重力加速度增大；另一方面，随着深度增加，球内的质量也在减小（因为，上部物质产生的附加引力向上），这导致重力加速度随之变小。因此在地球内部，重力究竟是变大还是变小，取决于何者的影响占主导地位。在地球的上层部位，由于地球物质的密度较小，引起的质量变化要小于半径变化造成的影响，故重力随着深度的增加而缓慢增大，到 2891 km 深处，即古登堡面附近达到极大值 1068 cm/s；在越过 2891 km 界面后，地球物质的密度变化造成的影响开始大于半径引起的变化，地球的重力也随之急剧减小。但实际上，不仅地球的地面起伏甚大，内部的物质密度分布也极不均匀，在结构上还存在着显著差异，这些都使得实测的重力值与理论值之间有明显的偏离，在地学上称之为重力异常。对某地的实测重力值，通过高程及地形校正后，再减去理论重力值，差值称作重力异常值。如为正值，称正异常；如为负值，则称为负异常。前者反映该区地下的物质密度偏大，后者则说明该区地下物质密度偏小。

根据重力异常范围大小又有区域重力异常和局部重力异常。前者范围大，面积在几千至几十万平方千米以上，如大陆和大洋、山区和平原等，后者范围小，面积为几至几百平方千米。研究区域重力异常可了解地球内部结构，研究局部重力异常可以寻找矿产资源。在进行小面积重力测量时，常以区域重力异常作为标准（背景值）。在埋藏有密度较小的物质，如石油、煤、盐等非金属矿的地区就显示出负异常；而在埋藏有密度较大的物质，如铁、铜、铅、锌等金属矿的地区就显示出正异常。

地球的重力是一个极为重要的物理性质，它主宰着地球上一切物体的向心运动。它足以形成地球如今的形状，地球内部的物质分异，地球的层圈构造，让水和大气不至于离开地球而去，直接或间接地促使水和大气以及岩石的运动与循环，等等。因此，它对维持地球的"生命"起着决定性的作用。

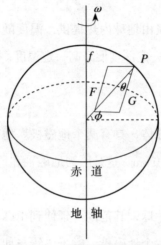

图 1.11　地球某处重力图解

（三）地球的温度

深矿井温度增高、地下流出温泉和火山喷出炽热物质，都告诉人们地球内部是热的。

根据地球内部温度分布状况可以分为外热层、常温层和内热层。

1. 外热层（变温层）

固体地球的最表层，一般陆地区深度为 10 ～ 20 m，内陆或沙漠地区可达 30 ～ 40 m。本层热量来自太阳辐射，太阳到达地面的热量绝大部分通过反射或散射又回到空中，只有极少一部分（约 5%）透入地下使地面温度升高。

2. 常温层（恒温层）

在外热层下界一带（在太阳热能影响的深度以下），是一个厚度不大的层带，温度与当地的年平均温度相同，不受季节性变化的影响，故称常温层。常温层在中纬度及内陆区位置较深，在海滨地区及高纬度地区位置较浅。

3. 内热层（增温层）

在常温层以下，热量由地球内热提供，温度随深度增大而增加，而且很有规律，即每向下增加一定深度便升高一定温度，不受太阳辐射热的影响。

（四）地球的磁场

地球是一个磁化的球体，具有两个地磁极。地磁场的南北极和地理极并不一致，两者相差 1280 km。这是因为地磁轴和地球自转轴有 11.5° 的交角（图 1.12）。

地磁场包围着整个地球，其范围可延伸到 10 km 上空。地磁场中有无数条磁子午线通过南北两个地磁极，磁子午线与地理子午线有一个交角，称为磁偏角。磁针在赤道附近为水平，向高纬度方向移动，磁针发生倾斜，与水平面之间形成磁倾角。在磁北极和磁南极周围一定范围内，磁针受磁场吸引而直立，磁倾角为 90°。

在地磁场内，磁力的大小称磁场强度。其平均磁场强度为 $0.6 \times 4\pi \times 10^{-3}$A/m，地磁赤道上水平磁场强度为 $0.31 \times 4\pi \times 10^{-3}$A/m，磁北极的竖向磁场强度为 $0.58 \times 4\pi \times 10^{-3}$A/m，磁南极为 $0.68 \times 4\pi \times 10^{-3}$A/m，其他地区的磁场强度在上述数字之间。

磁偏角、磁倾角和磁场强度是地磁场的 3 个要素。地磁场随时间的变化有日变化、年变化、长期性变化和突然性变化。通过设在各地的地磁台所测的地磁要素数据，经处理后可得到地磁场的"正常值"，或称背景值。如果在实际测定时，发现所测的地磁要素数据与"正常值"偏离，称为地磁异常。

古地磁是指地质历史时期的地磁场。岩石在其形成过程中因受古地磁场的影响而获得磁性，这种磁性与古地磁场方向是协调的，这些受磁化的岩石在磁场发生改变后仍可将原来磁化的性质部分地保留下来，形成所谓的"剩余磁性"。岩浆冷却过程中同时受到磁化而保存的磁性叫热剩磁。沉积岩在沉积过程中，原已磁化的矿物沿磁场方向沉积而保存的磁性特征，称沉积剩磁。地质学家利用这些特征，可查明地质历史时期的地磁场情况。

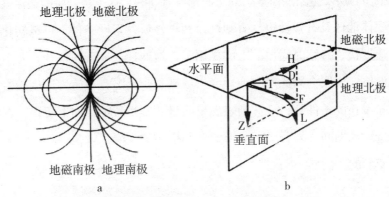

a　　　　　　　　　　　　b

L地磁力线；F总地磁场强度；H地磁场水平分量；
Z地磁场垂直分量；D磁偏角；I磁倾角

图1.12　地球的磁场

（五）地球的弹力

地震波是一种弹性波，地球能够传播地震波这一特征证实地球具有弹性。地震波作为传播信息的使者，不仅在探索地球内部分带、物质组成和物态以及其他方面的特点上起着重要的作用，就是在对地球表层有用矿产，特别是对覆盖区或海域的石油进行勘探方面也是重要的手段——地震勘探。

除了上述现象外，固体地球的潮汐现象也是另一个重要弹性特征。海洋潮汐已是众所周知，同样在日月引力的作用下，类似现象也会出现在固体地球表层，这就是固体潮。用精密仪器可以观测到地球的固体表层也有和海洋潮汐相似的周期性升降现象，陆地表面的升降幅度可达 7 ~ 15 cm。当存在固体潮汐时，某一观测点的铅垂线方向和地面的倾斜还会相应发生变化，但其变幅不大，仅有千分之几秒的角度。固体潮的存在说明固体地球具有一定的弹性，固体潮就是弹性地球在日月潮引力的作用下发生的弹性变形。

固体地球在一定条件下还表现为塑性体。例如长期受力下就会像液体那样变形，地球是一个旋转固体，这表明地球并不是完全的刚体。我们在野外看到很多岩层发生剧烈而复杂的弯曲都没有断裂，这也是岩层的塑性表现。

固体地球具有弹性也具有塑性，两种性质在不同条件下可以转化。在作用速度快、持续时间短的力的作用下，地球往往表现为弹性，乃至类似于刚性体，岩层会因此产生弹性变形或破裂；反之，在施力速度缓慢，作用时间漫长的条件下，地球则表现出明显的塑性特征。如上所述，在强烈的构造运动期间，岩石经弯曲形成各种褶皱的现象，就是一种典型的地球塑性变形的实例。

四、地球的构造运动

构造运动主要是由地球内动力引起的组成地球物质（主要为地壳或岩石圈）的机械运动。构造运动是产生褶皱、断裂等各种地质构造，引起海陆分布的变化、地壳的隆起和坳陷以及形成山脉、海沟等的基本原因。构造运动不但引起地震活动、岩浆活动和变质作用，还决定着地表外动力地质作用的类型、方式和强度，控制着许多地貌形态的发育过程，同时也控制着外生矿床和内生矿床的形成及分布。所以，构造运动是使地壳不断变化发展的最重要的一种地质作用。对构造运动的研究不仅对于找矿和国民经济、国防建设有重要的意义，而且对于复原地球发展历史、重塑地球的演化过程具有重要的意义。

新近纪以来的构造运动称新构造运动，它在地貌、地物上有良好的表现；新近纪以前发生的构造运动称古构造运动。从人类出现到现在所发生的新构造运动称现代构造运动。

从本质上讲，新老构造运动都是由内动力地质作用引起的，都会产生岩石的变形与错位，但老构造运动是很早以前发生的，它所产生的结果和痕迹主要记录在地层里，当时的地貌形态已不存在了；而新构造运动，特别是现代构造运动，除了在新地层中有显示外，常常表现在隆起、沉陷、掀斜等各种地貌形态上。由于新老构造运动的表现和保存形式不同，其研究方法也不完全一样。一般来讲，研究老构造运动主要靠地层，研究新构造运动除地层外主要靠地貌，而研究现代构造运动则除了地层、地貌方法外，还要利用人类文化遗迹（考古学）和历史地震记载的研究结果，这样往往可以得到几百年、几千年构造变动的情况；此外还可用测量仪器进行观测，得出当前构造运动的速度和方向。也就是说，对于地质历史时期的古构造运动，主要通过地质学的方法去研究；对于新构造运动则主要依靠地质学及地貌第四纪地质方法进行研究；对于现代构造运动则多用考古学方法和现代精密仪器定性、定量测定方法进行研究。

（一）构造运动的主要证据

1. 地貌标志

各种地貌虽是内、外动力地质作用的产物，但不同类型的地貌分布多受构造运动的控制。在上升运动的地区以剥蚀地貌为主；在下降运动的地区则以堆积地貌为主。高山深谷、河谷阶地、多层溶洞的出现是新构造运动上升的标志；埋藏阶地、冲积平原等则是下降的标志。

根据海底平顶山和珊瑚岛距海面的距离也可说明地壳的升降运动情况。一般认为，珊瑚生长在高潮线到水深 50 m 的水域。如果发现珊瑚礁水深大于 50 m，则说明地壳下降或海面上升。相反，珊瑚礁高出海面则说明地壳上升或海面下降。

海南岛三亚、榆林一带，可见高出高潮位 0.8 ～ 2 m 的原生珊瑚礁。西沙群岛的石岛分布着距今 4000 年左右的珊瑚灰岩，现已高出海面达 15 m。我国台湾省高雄附近下更新统珊瑚灰岩已被抬升到海拔 200 m，甚至 350 m 高处。这些都是现代地壳上升运动的证据。

现代构造运动在较短时间内引起的地形、地物的变化较小，不易被人们察觉，但通过精密仪器的测量和观测就能发现其高程和位置（经纬度）的变化。如四川安宁河断裂活动年变化率为 0.06 ～ 0.60 mm/a，断裂两盘各处升降差异甚大。云南小江断裂活动年变化率达 0.62 mm/a。

2. 大地测量标志

现代构造运动在短期或瞬间不可能在地貌上留下可以观察到的痕迹，因此必须借助三角测量、水准测量、远程测量（激光测远）、天文测量等手段，即定期观测一点（线）高程和纬度的变化，以测出构造运动的方向和速度。如 1953 年，科研人员曾在甘肃省山丹县城与十里铺之间测得一条基线全长 1188.931 m，1954 年地震后，用同样的仪器和方法进行复测，结果是 1188.854 m，一年内缩短了 7.7 cm。

1972—1974 年，法、英两国科学家曾用 3 只深海潜水器对亚速尔群岛西南方的大西洋中脊进行详细考察，发现中脊裂谷深 2800 m，底宽 3000 m，由裂谷溢出奇形怪状的熔岩，形成新生的海底，研究证明海底不断向两侧扩张，通过磁异常条带的宽度计算，探知裂谷东侧海底扩张速度是 13.4 mm/a，西侧是 7 mm/a。用同样的方法，测知太平洋中脊在赤道附近的扩张速度平均为 10 mm/a。

3. 沉积物厚度

厚度特别大的第四纪松散沉积物常常是构造运动使地壳下降造成的。例如在我国天津,经钻探证实第四纪冲积层很厚,在深达800 m处还未见到基岩;而在上海,井深300 m处仍然是冲积层。这说明华北和华东平原第四纪以来,在接受沉积的同时,还伴随着地壳的下降,因此才形成如此厚的沉积物。

(二)大陆漂移和海底扩张

1. 大陆漂移学说

大陆大规模地漂移,早已是具有直观能力的人们思索的问题,1862年法国的巴肯就在地图上对大西洋两岸互补的部分做了标记。奥地利地质学家修斯把南半球大陆拼在一起,并推测存在一个冈瓦纳大陆。最为系统地提出大陆漂移观点的是德国青年气象学家和地球物理学家魏格纳。魏格纳最初于1912年发表大陆漂移观点,1915年进一步在《海陆的起源》一书中系统地论述了大陆漂移观点。他认为,地球在3亿年前曾经存在一个全球统一的联合古陆,围绕联合古陆的广泛的海洋为泛大洋。这一大陆自2亿年前开始破裂、分离、漂移,形成现代的海陆分布格局。

古生物学家早就发现,在目前远隔重洋的一些大陆之间,古生物面貌有着密切的亲缘关系。例如,中龙是一种在淡水生活的小型水生爬行类动物,它既见于巴西石炭－二叠纪的淡水湖相地层中,也出现在南非的石炭－二叠纪同类地层中,而迄今为止,世界上其他地区都未曾找到过这种动物化石,这表明巴西和南非之间一定有过陆地相联系。为解释这些现象,古生物学家提出各种假说,如"动物的木伐运送说""岛屿传递说"和"陆桥说"等,其中"陆桥说"最为大家所接受。"陆桥说"设想在这些大陆之间的大洋中,一度有陆地把遥远的大陆联系起来,后来这些陆桥沉没消失了,大陆才被大洋完全分隔开来。然而,魏格纳却认为,各大陆之间古生物面貌的相似性,并不是因为它们之间有什么陆桥相联系,而是由于这些大陆本来是直接毗连在一起,到后来才分裂漂移开来。

在魏格纳提出的漂移说中，古气候的证据占有重要的地位，其中尤以古冰川的分布最具说服力。距今3亿年前后的晚古生代，在南美洲、非洲、澳大利亚、印度和南极洲都曾发生过广泛的冰川作用，有的还可以从冰川的擦痕判断出古冰川的流动方向。从冰川遗迹分布的规模与特征判断，当时的冰川为发育在极地附近的大陆冰川，而且冰川的运动方向是从岸外指向内陆，反映古冰川不是源于本地。如何解释这种古冰川的分布及流向特征，过去一直是地质学上的一道难题。但是，正是这些特征，为大陆漂移说提供了强有力的证据。从漂移说的角度看来，上述出现古冰川的大陆在当时曾是连在一起的，并且位于南极附近，冰川中心位于非洲南部，古大陆冰川由中心向四方呈放射状流动，这就很合理地解释了古冰川的分布与流动特征。

随着计算机技术的发展，人们对大西洋两岸轮廓进行计算机拼接。英国学者布拉德等借助计算机发现大西洋两岸沿915 m的等深线实现了十分完美的拼接，为验证大陆漂移说提供了最形象的证据；此外，南极洲及其他大陆发现的古生物、地层、构造新资料等也都进一步证实了大陆漂移的存在。尽管到了20世纪50年代末至60年代初，大陆漂移说衰而复兴，然而，大陆漂移的机制问题依然悬而未决。这以后，海底地质与地球物理的研究飞速发展，终于为大陆漂移机制的解决带来了曙光。

2.海底扩张

海底地质新成果与新资料的积累，加之大陆漂移说的重新兴起，在20世纪60年代初，美国地质学家赫斯和奥茨首先提出了海底扩张说。这一学说认为，大洋中脊顶部乃是地幔物质上升的涌出口，上升的地幔物质就冷凝形成新的洋壳，并推动先形成的海底逐渐向两侧对称地扩张。随着热地幔物质源源不断地上升并形成新的洋底，先形成的老洋底不停地向大洋两缘扩张推移，洋底移动扩张的速度大约是每年几厘米（图1.13）。

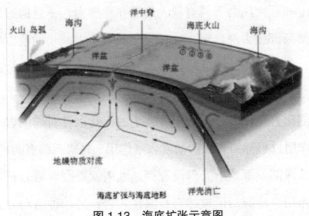

图 1.13 海底扩张示意图

（三）地震作用

地震是地球岩石圈的快速震动，它是构造运动的一种激烈的表现形式，常在几秒钟至几分钟内即行停止。据统计，全世界每年发生的地震约 500 万次，其中大部分是人们不易察觉到的小地震，人们能感觉到的地震约 5 万次，破坏性的大地震更少，七级以上的破坏性地震平均每年约有 20 次。

一直以来，地震都是灾害的代名词，但地震本身是地球构造的一种表现形式，只有地震的发生造成建筑物及人员的伤亡时才会引发地震灾害。

人们一直十分关注并持续研究地震，还试图预报地震。成功预报地震的例子很少，如我国 1975 年 2 月 4 日成功预报了海城地震，但多数地震的发生未被成功预报，如河北唐山大地震、四川汶川大地震等。我国是地震多发的国家，加强对地震的研究具有十分重要的意义。

（四）岩浆作用

通过对火山现象和岩浆岩的研究，以及对各种地球物理资料的分析，证实地壳深处的局部地段和软流圈中确实存在着一种由硅酸盐及部分金属氧化物、硫化物和挥发组分组成的熔融物质，即岩浆。岩浆在 1000℃ 左右甚至更高温度和巨大压力下具有很大的潜在膨胀力，一旦构造运动破坏了地下平衡或使局部压力降低时，岩浆就会向着压力减小的地方（如隆起、破裂）流动，侵入地壳上部或喷出地表，岩浆与围岩在运动过程中相互作用，不断改变着围岩与自身的化学成分和物理状态（图 1.14）。这种从岩浆的形成、演化直至冷凝，岩浆本身发生的变化以及对周围岩石产生影响的全部地质作用过程称为岩浆活动或岩浆作用。岩浆活动有两种活动方式，一种是岩浆从深部发源地上升但没有到达地表就冷凝形成岩石，这种作用过程叫侵入作用，冷凝后形成的岩石叫侵入岩；另一种活动方式是岩浆直接溢出地面，甚至喷到空中，这种作用过程叫喷出作用或火山作用。熔浆冷却后所形成的岩石叫熔岩或喷出岩。

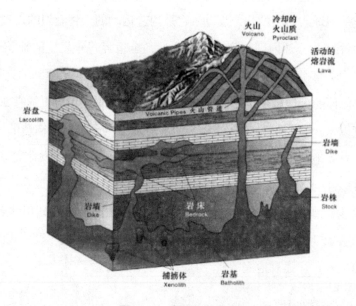

图 1.14　岩浆作用示意图

第二章　地震

一、地震是什么？

地震即地球震动，一般指天然地震中的构造地震。据不完全统计，全球平均每年发生大大小小的地震约 500 万次，其中 99% 是仪器能够记录到而人感觉不到的微小地震，人能感觉到且能造成一定破坏的强震不超过 1000 次，能造成巨大灾难的大地震仅约 10 来次。

地震的几何描述要素如图 2.1 所示。地下产生地震的地方为震源；震源在地面上的投影为震中；震源到地面的垂直距离为震源深度；震源至某一指定点的距离为震源距；震中至地面某一指定点距离为震中距；同一次地震在地表面产生的宏观地震影响强烈程度相似各点的连线为等震线；震源产生的振动从震源发出，在地球介质内部和地球表面传播，就形成了地震波。

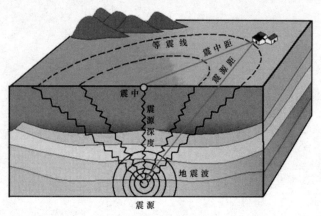

图 2.1　地震要素示意图

二、地震成因

在古代，中国常以"天人感应"将地震与社会变动相联系，日本则认为地震由地下一个形似鲇鱼的神灵所控制。对古代地震的许多引喻，可在《圣经》和部分宗教著作中见到。然而，早在希腊科学发展的早期，科技工作者已经开始考虑用物理原因取代民间神话传说对地震成因的解释了。希腊学者亚里士多德（Aristotle）（公元前 384—公元前 322 年）最先提出关于地震物理原因的全面解释，认为洞顶坍塌将导致像地震一样的震动。现代关于地震成因的解释主要有大陆漂移、板块运动和弹性回跳三种。

（一）大陆漂移学说

大陆之间相互移动的猜测可追溯到 20 世纪以前。早在 1801 年，洪堡（Humboldt）等科学家就提出大西洋两岸的海岸线和岩石都很相似的观点。早期的世界地图也清楚地表明，非洲和南美洲相对海岸线呈"锯齿状拟合"（图 2.2）。1912 年，德国气象学家魏格纳正式提出大陆漂移学说，并在1915 年发表的《海陆的起源》中做了论证。魏格纳假定一个超级泛大陆于

3亿年前破裂，其碎块漂移出去形成现今的七大洲，并提出了大陆外形、古气候学、古生物学、地质学、古地极迁移等大量证据（图2.3）。

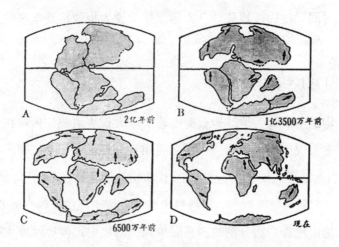

图2.2　大陆漂移示意图

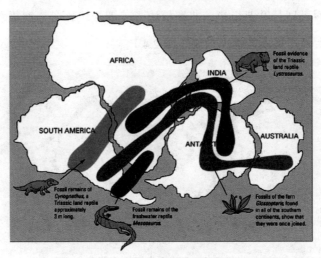

图2.3　大陆漂移的证据

　　大陆漂移学说能够解释许多地质学现象，但受当时地球内部构造和动力学知识的局限，大陆漂移及其动力学机制得不到物理学上的支持，曾受到地球物理学家的强烈反对。20世纪60年代，随着古地磁、地震学以及宇航观测的发展，一度沉寂的大陆漂移学说获得了新生。大陆漂移学说的支持者们提出了地球内部软弱带承载着刚性较大的地质"筏"的概念，接近熔融状态的软流圈比岩石圈软，刚性岩石圈浮在这层黏性物质上，以百万年的时间尺度缓慢地移动。大陆漂移学说为板块构造学说的发展奠定了基础。

（二）板块构造学说

板块构造学说认为地球岩石圈由若干巨大板块组成，板块在塑性软流圈之上发生大规模水平运动，板块之间相互分离，或相互汇聚，或相互平移，从而引起地震、火山等自然灾害。板块构造说包括大陆漂移、海底扩张、转换断层、大陆碰撞等概念，为解释全球地质作用提供了颇有成效的格架。

板块是由地震带所分割的岩石圈单元，因横向尺度比厚度大得多而得名。狭长而连续的地震带勾划出了板块的轮廓，是板块划分的首要标志。全球岩石圈可划分欧亚板块、非洲板块、美洲板块、印－澳板块、南极洲板块以及太平洋板块等六大板块（图2.4）。

图2.4 全球六大板块的分布

海底扩张是板块运动的核心，板块从大洋中脊轴部向两侧不断推移扩张，海沟和活动造山带是板块前缘，大洋中脊则是板块后缘。板块运动机制是尚未解决的难题，主要有主动驱动机制和被动驱动机制两种观点。板块构造说以极其简洁的形式（板块的生长、漂移、俯冲和碰撞），深刻地解释了地震、火山、地磁、地热、岩浆活动、地质构造等地质作用的形成、发展过程，具有重要的理论意义。但是，板块构造说还存在一些待解决的难题，仍需不断地修正和发展。

（三）弹性回跳学说

弹性回跳学说认为地震的发生源自地壳中岩石的断裂错动。断裂发生时已经发生弹性变形的岩石，由于本身具有弹性，在外力消失后便向相反的方向整体回跳，恢复到未变形前的状态。这种弹跳可以产生惊人的速度和力量，把长期积蓄的能量于霎那间释放出来，造成地震。

1906 年旧金山大地震后，通过对地表变形数据的分析，发现地震前后平行于圣安德烈斯断裂的区域都发生了明显的水平剪切变形，这为弹性回跳学说的提出提供了有利证据。图 2.5 中跨圣安德烈斯断层篱笆的变形破坏较好地展示了弹性回跳过程。

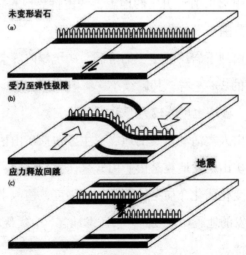

图 2.5　跨圣安德烈斯断层篱笆的变形示意图

注：（a）篱笆垂直穿过断层，地震前未发生形变；（b）构造力作用下横过断层的篱笆发生弯曲，两侧向相反方向移动；（c）在应变最大处发生破裂。

弹性回跳是构造地震发生的直接原因，岩石的弹性应变越大，地震破裂就越强，好似钟表的发条卷得越紧，存储的能量就越大。断裂破裂时储存的能量迅速释放，部分转换为热，部分以弹性波传播，这些波就构成了地震。弹性回跳能够较好地解释浅源地震的成因，但对于中、深源地震则不好解释。因为在地下相当深的地方，岩石已具有塑性，不可能发生弹性回跳现象。

三、地震分类

根据应用目的不同，可从不同角度对地震进行分类，常见的分类方法有以下 5 种。

（一）形成原因

构造地震：由构造活动所引发的地震。绝大多数（约90%）地震都属于构造地震，具有频度高、强度大、破坏重等特点。

火山地震：由火山活动引发的地震，约占世界地震总数的7%左右。其震级小，影响范围有限，但危害严重，多群震。

陷落地震：由地下岩层陷落（如溶洞、矿坑塌陷等）引起的地震，约占世界地震总数的3%左右。其震级小，影响范围有限，但因震源浅，震中烈度可能较高，破坏也可能较为严重。

诱发地震：由人类活动引发的地震，主要包括矿山诱发地震和水库诱发地震。其中，矿山诱发地震是由矿山开采诱发的地震；水库诱发地震是水库蓄水或水位变化弱化介质结构面的抗剪强度，使原来处于稳定状态的结构面失稳而引发的地震。一般而言，诱发地震具有震级小、震源深度浅、破坏作用较强的特点。

（二）震级★小

极微震：震级小于1.0级的地震。

微震：震级等于或大于1.0级，小于3.0级的地震。

小震：震级等于或大于 3.0 级，小于 5.0 级的地震。

中震：震级等于或大于 5.0 级，小于 7.0 级的地震。

大震：震级等于或大于 7.0 级的地震。

特大地震：震级等于或大于 8.0 级的地震。

（三）震源深度

浅源地震：震源深度小于 60 km 的地震。

中源地震：震源深度在 60 km ～ 300 km 范围内的地震。

深源地震：震源深度大于 300 km 的地震。

（四）震中距大小

地方震：震中距在 1°（≈ 111km）以内的地震。

区域性地震：震中距在 1°～ 13° 范围内的地震。

远震：震中距在 30°～ 180° 范围内的地震。

（五）地震序列

地震序列指某一时间段内连续发生在同一震源体内的一组按次序排列的地震。

前震：地震序列中，主震前的所有地震的统称。

主震：地震序列中最强（震级最大）的地震。如果序列中有两个最大地震，则称为双主震。一般主震和其他小震的震级差达 0.8 ～ 2.4 级，能量占序列能量的 90%。

余震：地震序列中，主震后的所有地震的统称。

四、地震震级

地震震级是地震震源释放能量大小的相对量度，主要通过测量地震波中某个震相的振幅来衡量。地震震级由和达清夫（Kiyoo Wadati）和里克特（Charles F. Richter）在 20 世纪 30 年代提出并发展，其主要目的是按照地震仪探测到的地震波振幅对地震分级。地震震级的测定不仅与观测点的位置、距离相关，还与读取地震波记录中的区段（震相）、对应的振动周期以及观测仪器特性等有关。

地震震级越大，地震所释放的能量越强。通常意义上，地震震级每提高一级，地震能量增大 101.5 倍，约为 31.6 倍；地震震级每提高两级，地震能量增大 1000 倍。例如，广岛原子弹埋在地下数公里爆炸，相当于一个 5.5 级地震，那么 2008 年汶川 8.0 级特大地震释放的能量就相当于 5600 个广岛原子弹在地下爆炸。

理论上讲，一次地震只有一个震级值。但由于地震的远近、深浅以及观测条件等的限制，科学家们给出了多种震级的测量方法，包括地方性震级、面波震级、体波震级、矩震级等。对于同一次地震，这些震级值是不相同的。因此，每次地震发生后均需将所测量的震级转换成标准震级 M。根据《地震震级的规定》（GB 17740—1999），地震震级 M 用地震面波质点运动最大值 $(A/T)_{max}$ 来测定，其计算公式如下：

$$M = \lg (A/T)_{max} + \sigma(\Delta) \tag{2.1}$$

式中：A：地震面波最大地震动位移，取两水平分量的矢量和，以 μm 计；

Δ：震中距，以度计，取值范围如表 2.1 所示；

T：与最大地震动位移相对应的周期，以 s 计，其值不应与表 2.1 中的值相差太大；

$(A/T)_{max}$：A/T 的最大值；

$\sigma(\Delta)$：量规函数，亦称起算函数，其值随台站所在地区和观测仪器而异。

表 2.1 不同震中距选用的地震面波周期（T）值

Δ/°	T/s	Δ/°	T/s	Δ/°	T/s
2	3～6	20	9～14	70	14～22
4	4～7	25	9～16	80	16～22
6	5～8	30	10～16	90	16～22
8	6～9	40	12～18	100	16～25
10	7～10	50	12～20	110	17～25
15	8～12	60	14～20	130	18～25

测量最大地震动位移两水平分量时，需取同一时刻或周期相差在 1/8 周之内的振动。若两分量周期不一致，则取加权和

$$T=(T_N A_N + T_E A_E)/(A_N + A_E) \qquad (2.2)$$

式中：A_N：南北分量地震动位移，以 μm 计；

A_E：东西分量地震动位移，以 μm 计；

T_N：与 A_N 相对应的周期，以 s 计；

T_E：与 A_E 相对应的周期，以 s 计。

量规函数 σ（Δ）按下式求解：

$$σ（Δ）=1.66\lg Δ -3.5 \qquad (2.3)$$

一般而言，地震震级 M 应根据多个台站的平均值确定，并主要适用于地震信息提供、地震预报发布、地震震级认定、防震减灾以及地震新闻报道等社会应用。然而，值得注意的是，由于浅源地震容易记录到面波，深源地震不能激发显著的面波，故地震震级 M 不能用于深源地震。

五、地震烈度

地震烈度是指地震在地表产生的宏观影响的强烈程度。它以人的感觉、房屋震害程度、其他震害现象以及水平向地震动参数等综合评定，反映的是一定地域范围内（如自然村或城镇部分区域）的平均水平。

地震烈度与震级、震中距、震源深度、地质构造、场地条件等多种因素有关。一次地震只有一个表征地震释放能量大小的震级值，但在不同地

点却有各自的烈度值（图 2.6）。一般情况下，震中地区烈度最高，随震中距增大，烈度逐渐降低。当震源深度一定时，震级越大，震中烈度越高；若震级相同，则震源越浅震中烈度越高。

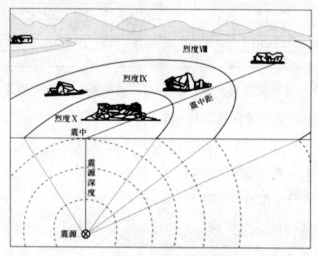

图 2.6　地震烈度分布示意图

（一）地震烈度表

早期，由于缺乏观测仪器，人们对地震的考察只能以宏观调查为主。1564 年，意大利地图绘制者伽斯塔尔第（J.Gastaldi）在地图上用不同颜色对滨海阿尔卑斯地震影响和破坏程度不同的地区进行标注，这是地震烈度概念和烈度分布图的雏形。后人借鉴并改进了他的做法，采用地震烈度表划分烈度的等级，规定了评定烈度的宏观破坏现象标志，逐步明确了衡量烈度大小的方法。历经约 300 年的研究和经验积累，1874 年意大利人罗西（M. S. de Rossi）编制了最早的有实用价值的地震烈度表。在此基础上，世界各国共提出过多种不同形式的地震烈度表。其中，国外具有代表性的有 RF（罗西 – 费瑞尔）烈度表（1883）、MCS（麦卡利 – 坎卡尼 – 西伯格）烈度表（1923）、MM（修正的麦卡利）烈度表（1931）、MSK（麦德维杰夫 – 斯彭怀尔 – 卡尼克）烈度表（1964）、JMA（日本气象厅）烈度表（1996）

和 EMS－98（欧洲地震烈度表，1998）。

中国地震烈度表的研究始于 20 世纪 50 年代，李善邦首先按照中国房屋类型修改了 MCS（麦卡利－坎卡尼－西伯格）烈度表。1957 年，谢毓寿根据中国的房屋类型和震害特点，参照麦德维杰夫烈度表，编制了新的中国地震烈度表加以并应用。1980 年，刘恢先等总结历次地震的震害和烈度评定实际经验，修改提出了《中国地震烈度表》（1980），在此基础上，国家质量技术监督局于 1999 年颁布了国家标准《中国地震烈度表》（GB/T17742—1999）。

《中国地震烈度表》（GB/T17742—1999）自发布实施以来，在地震烈度评定中发挥了重要作用。然而，随着国家经济社会的发展，城乡房屋结构发生了很大变化，抗震设防的建筑比例增加，同时旧式民房仍然存在，这些都需要在地震烈度评定中加以考虑。因此，中国地震局在充分利用大量已有震害资料和地震烈度评定经验的基础上，借鉴参考了国外地震烈度表，并结合汶川地震的部分震害资料，于 2008 年对《中国地震烈度表》（GB/T17742—1999）进行了修订。修订中保持了与原地震烈度表的一致性和继承性，增加了评定地震烈度的房屋类型，修改了在地震现场不便操作或不常出现的评定指标。修订后的《中国地震烈度表》（GB/T 17742—2008）（表2.2）于 2009 年颁布施行。

表 2.2　中国地震烈度表（GB/T 17742—2008）

地震烈度	人的感觉	房屋震害			其他震害现象	水平向地震动参数	
		类型	震害程度	平均震害指数		峰值加速度 m/s^2	峰值速度 m/s
I	无感	—	—	—	—	—	—
II	室内个别静止中的人有感觉	—	—	—	—	—	—
III	室内少数静止中的人有感觉	—	门、窗轻微作响	—	悬挂物微动	—	—
IV	室内多数人、室外少数人有感觉，少数人梦中惊醒	—	门、窗作响	—	悬挂物明显摆动，器皿作响	—	—

续表

地震烈度	人的感觉	房屋震害			其他震害现象	水平向地震动参数	
		类型	震害程度	平均震害指数		峰值加速度 m/s²	峰值速度 m/s
V	室内绝大多数、室外多数人有感觉，多数人梦中惊醒	—	门窗、屋顶、屋架颤动作响，灰土掉落，个别房屋墙体抹灰出现细微裂缝，个别屋顶烟囱掉砖	—	悬挂物大幅度晃动，不稳定器物摇动或翻倒	0.31（0.22～0.44）	0.03（0.02～0.04）
VI	多数人站立不稳，少数人惊逃户外	A	少数中等破坏，多数轻微破坏和/或基本完好	0.00～0.11	家具和物品移动；河岸和松软土出现裂缝，饱和砂层出现喷砂冒水；个别独立砖烟囱轻度裂缝	0.63（0.45～0.89）	0.06（0.05～0.09）
		B	个别中等破坏，少数轻微破坏，多数基本完好				
		C	个别轻微破坏，大多数基本完好	0.00～0.08			
VII	大多数人惊逃户外，骑自行车的人有感觉，行驶中的汽车驾乘人员有感觉	A	少数严重破坏和/或毁坏，多数中等和/或轻微破坏	0.09～0.31	物体从架子上掉落；河岸出现塌方，饱和砂层常见喷水冒砂，松软土上地裂缝较多；大多数独立砖烟囱中等破坏	1.25（0.90～1.77）	0.13（0.10～0.18）
VIII	大多数人惊逃户外，骑自行车的人有感觉，行驶中的汽车驾乘人员有感觉	A	少数严重破坏和/或毁坏，多数中等和/或轻微破坏	0.09～0.31	物体从架子上掉落；河岸出现塌方，饱和砂层常见喷水冒砂，松软土上地裂缝较多；大多数独立砖烟囱中等破坏	1.25（0.90～1.77）	0.13（0.10～0.18）
		B	少数中等破坏，多数轻微破坏和/或基本完好				
		C	少数中等和/或轻微破坏，多数基本完好	0.07～0.22			
	多数人摇晃颠簸，行走困难	A	少数毁坏，多数严重和/或中等破坏	0.29～0.51	干硬土上出现裂缝，饱和砂层绝大多数喷砂冒水；大多数独立砖烟囱严重破坏	2.50（1.78～3.53）	0.25（0.19～0.35）
		B	个别毁坏，少数严重破坏，多数中等和/或轻微破坏				
		C	少数严重和/或中等破坏，多数轻微破坏	0.20～0.40			

续表

地震烈度	人的感觉	类型	震害程度	平均震害指数	其他震害现象	峰值加速度 m/s²	峰值速度 m/s
				水平向地震动参数			
IX	行动的人摔倒	A	多数严重破坏或/和毁坏	0.49～0.71	干硬土上多处出现裂缝，可见基岩裂缝、错动，滑坡、塌方常见；独立砖烟囱多数倒塌	5.00 (3.54～7.07)	0.50 (0.36～0.71)
		B	少数毁坏，多数严重和/或中等破坏				
		C	少数毁坏和/或严重破坏，多数中等和/或轻微破坏	0.38～0.60			
X	骑自行车的人会摔倒，处不稳状态的人会摔离原地，有抛起感	A	绝大多数毁坏	0.69～0.91	山崩和地震断裂出现；基岩上拱桥破坏；大多数独立砖烟囱从根部破坏或倒毁	10.00 (7.08～14.14)	1.00 (0.72～1.41)
		B	大多数毁坏				
		C	多数毁坏和/或严重破坏	0.58～0.80			
XI	—	A	绝大多数毁坏	0.89～1.00	地震断裂延续很大；大量山崩滑坡	—	—
		B		0.78～1.00			
		C					
	—		几乎全部毁坏	1.00	地面剧烈变化，山河改观	—	—

注：表中给出的"峰值加速度"和"峰值速度"是参考值，括弧内给出的是变动范围。

（二）地震烈度评定

以地震烈度表为依据，根据受地震影响地区的宏观现象（人的感觉、房屋震害和其他震害现象），确定一个地区地震烈度的工作称为地震烈度评定。地震烈度评定结果通常用等烈度（震）线图（烈度分布图）表示（图2.7）。地震烈度最高的地区为极震区，极震区的几何中心为宏观震中。

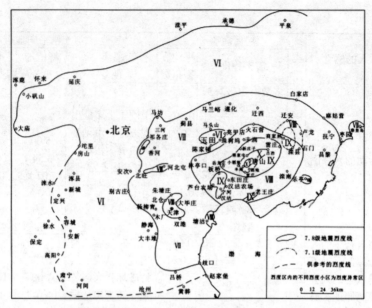

图 2.7　1976 年唐山大地震的地震烈度分布图

（三）地震烈度的应用

虽然地震烈度是根据地震影响后果评定的，但也间接反映了地震作用的大小。因此，地震烈度具有原因和后果的双重性，在防震减灾和科学研究中有着广泛的应用。例如：地震烈度可直观简明地表示出地震影响及破坏的程度和分布范围，便于迅速掌握灾情、指导应急救灾，是政府和社会公众在地震后急切关心的资料；中国有数千年的地震历史记载，绝大多数是对震害的宏观描述，地震烈度恰好为这些资料的定量化提供了有效手段。通过评定历史地震的烈度及其分布，推测历史地震震中和震级，从而为了解各地地震活动性、进行地震危险性分析、探索地震预报等提供宝贵的基础资料；在以经验法为主的结构震害预测中，大多要估计不同烈度下房屋和各类工程结构的破坏等级，此时就必须使用大量宏观调查的地震烈度评定资料。

（四）地震烈度与震级的关系

从概念上讲，地震烈度同地震震级有严格的区别，不可混淆。震级代表地震本身的大小强弱，它由震源发出地震波的能量决定，对于同一次地震只有一个数值。地震烈度衡量地震的破坏程度，与震级、震源深度、震中距、地质构造以及场地条件等多种因素相关，同一次地震在不同地方造成的破坏程度不同，地震烈度值就不同。震级用阿拉伯数字和"级"单位来表示，地震烈度则用罗马数字和"度"单位来表示。

震中烈度是震中附近宏观破坏最严重区域的地震烈度，一般为一次地震的最高烈度，通常用 I_0 表示。震中烈度与震级 M、震源深度 h 有关，其中若干关于震中烈度与震级的经验关系如下：

$$M=\frac{2}{3}I_0+1 \quad （古登堡－里希特，1956） \tag{2.4}$$

$$M=0.58I_0+1.5 \quad （李善邦，1960） \tag{2.5}$$

$$M=0.6I_0+1.45 \quad （卢荣俭等，1981） \tag{2.6}$$

上式中，式（2.5）源于中国历史地震的统计分析，历史地震震级与震中烈度的对照情况如表 2.3 所示。

表 2.3　历史地震震级与震中烈度对照表（李善邦，1960）

震级	$<4\frac{3}{4}$	$4\frac{3}{4}\sim5\frac{1}{4}$	$5\frac{1}{2}\sim5\frac{3}{4}$	$6\sim6\frac{1}{2}$	$6\frac{3}{4}\sim7$	$7\frac{1}{4}\sim7\frac{3}{4}$	$8\sim8\frac{1}{2}$	$>8\frac{1}{2}$
震中烈度	< Ⅵ	Ⅵ	Ⅶ	Ⅷ	Ⅸ	Ⅹ	Ⅺ	Ⅻ

六、地震分布

从有地震记载以来，人们就一直在探索地震的规律性。然而，现阶段科学上对地震的认知仍然存在巨大的困难，还没有掌握地震发生的规律。值得庆幸的是，科学家们一直没有放弃对地震规律的研究，通过对地震记载资料的统计，得到了全球地震活动区带。与此同时，人们也对地震发生的时间进行统计，得到各个地区地震随时间的变化规律等。

（一）全球地震活动带

从全球地震分布图（图2.8）中可以看出，全球地震分布呈现明显的条带状，并主要集中分布在3个地震带中。

1. 环太平洋地震活动带

该带地震活动强烈，是地球上最主要的地震带。全世界约80%的浅源地震、90%的中源地震和几乎所有的深源地震都集中于此，所释放的地震能量约占全部能量的80%。但其面积仅占世界地震区总面积的一半。

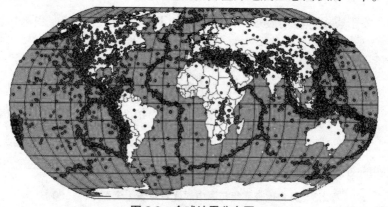

图2.8　全球地震分布图

2. 地中海－喜马拉雅地震活动带

从地震活动性来看，该地震带仅次于环太平洋地震带，它大部分分布于大陆范围内，因此也称欧亚地震带。除环太平洋地震带以外，几乎所有的中源地震和大的浅源地震都发生在此地震带内，所释放能量占全部地震能量的15%。

3. 大洋海岭地震活动带

该带是沿大西洋、印度洋、太平洋东部及北冰洋的海底山脉（海岭）

而分布的。该带地震活动性弱，仅在大西洋和印度洋海岭地带记录有一般的大震，特大的破坏性地震尚未发现。

（二）中国主要地震区

中国位于环太平洋地震带和欧亚地震带之间，但又不全包括在内，而是分散在以帕米尔为顶点，夹于这两大地震带之间的一个三角形区域内。因此，中国地震活动独具特色，是世界上板内地震活动最为典型的地区之一，并且地震活动在空间上呈现出很强的不均匀性。在准噶尔盆地、塔里木盆地、四川盆地、黄海及南海盆地、大兴安岭至阴山等地的地震活动较弱。而帕米尔至天山、整个青藏高原（喜马拉雅山至阿尔金山、祁连山、六盘山和龙门山）、华北以及东南沿海和台湾地区的地震活动相对强烈而频繁。大致以东经105°度为界，东西两部分又各有特征，表现为西强东弱，其中西部地震活动强且频度高。总的来说，中国地震主要分布在5个地区的23条地震带上（图2.9）。

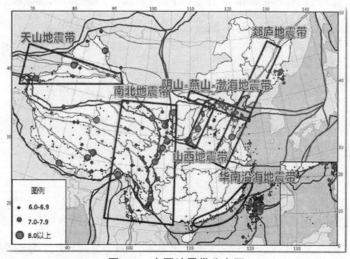

图2.9　中国地震带分布图

1. 青藏高原地震区

该区包括青藏高原南部（喜马拉雅、滇西南、藏中地震带）、中部（巴颜喀拉山、鲜水河－滇东地震带）、北部（龙门山、六盘山－祁连山、柴达木－阿尔金地震带）和帕米尔－西昆仑等地区，是地震活动最强烈、大地震频繁发生的区域。

2. 天山、阿尔泰山地震区

该地震区位于天山南北，向西延至哈萨克斯坦和吉尔吉斯斯坦的天山地区，东部包括阿尔泰山脉一带，向东延入蒙古国。主要包括南天山、中天山、北天山和阿尔泰山等 4 个地震带。

3. 华北地震区

该区包括长江下游－黄海、郯庐、华北平原、汾渭、银川－河套、鄂尔多斯以及朝鲜半岛等多个地震带。区内地震历史记载悠久，自 11 世纪以来共记录到 8.0 级～8.5 级地震 5 次、7.0 级～7.9 级地震 20 次、6.0 级～6.9 级地震 111 次。这里的地震强度高，但频度相对较低，强震在这个地震区主要集中分布在 5 个地震带，自东向西为长江下游－黄海地震带、郯庐地震带、华北平原地震带、汾渭地震带、银川－河套地震带。

4. 华南地震区

该区主要分布在东南沿海和台湾海峡内。全区记载到 7.0 级～7.5 级地震 5 次、6.0 级～6.9 级地震 28 次。本区又可划分为长江中游地震带和东南沿海地震带。

5. 台湾地震区

该区分为东部和西部两大地震带。区内共记录到 8 级地震 2 次、7.0 级～7.9 级地震 38 次、6.0 级～6.9 级地震 261 次。其中，这些地震绝大多数都分布在台湾东部地震带，少数分布在台湾西部地震带。

第三章　地震灾害

地震灾害是指由地震造成的人员伤亡、财产损失、环境和社会功能的破坏，简称震灾或震害，主要包括地震原生灾害和地震次生灾害。其中，地震原生灾害是由地震作用直接产生的灾害，包括地震地质灾害、工程结构灾害以及由此而引发的人员伤亡和经济损失。地震次生灾害是由地震作用造成工程结构、设施和自然环境破坏而引发的灾害。例如，因房屋倒塌破坏，使火炉翻倒、燃气泄漏、电器短路等引起的火灾；因水坝垮塌、河道截断等引起的水灾；因仓库、储罐、容器倒塌破坏引起的有毒有害物质泄漏；因房屋设施破坏、环境恶劣、水源污染等造成的疫病流行；因地震破坏严重、震后救灾不力、供应中断或地震谣言等引起的社会骚乱……地震次生灾害可使地震灾情加重、损失增大，是地震灾害链中极其重要的组成部分。

一、地震灾害特点

（一）突发性

与台风、洪水等其他灾害不同，地震难以预报，往往不知道什么时候发生，没有时间采取应急对策，其造成的灾害常具有突发性。不仅如此，遭受意想不到的强烈地震时，由于心理上的紧张，人容易惊慌失措，恐惧感增加，也可能招致本来可以不发生的灾害。

（二）瞬时性

地震的成灾时间极短，一次地震的主要振动持续时间大都在十几秒到几十秒，来不及采取有规模、有组织的躲避措施。

（三）破坏性

地震释放的能量巨大，一次强烈的地震可能隐藏着足以给社会以毁灭性打击的破坏力。地震中遭到破坏的主要是房屋（图 3.1），房屋倒塌是造成伤亡的元凶，强烈地震可以造成数十万人死亡。与其他自然灾害相比，地震灾害造成的伤亡人数最多（图 3.2）。

图 3.1　汶川地震中的房屋倒塌破坏

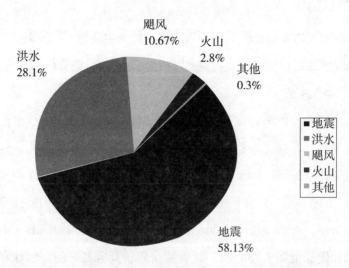

图 3.2 自然灾害伤亡人数统计（1900—1976 年）

（四）次生性

地震可以引起一系列次生灾害，有的次生灾害的严重程度要大大超过直接灾害。一般情况下，次生灾害所造成的损失是直接灾害的两倍。在次生灾害中，不同的灾害常会连续发生，从而形成一个灾害链。

二、原生灾害

（一）工程结构灾害

工程结构泛指人类用天然或人造材料建造的各种具有不同使用功能的设施，包括量大面广的房屋，电力、供水、交通、通信、燃气、水利等生命线工程系统的构筑物，各种工业生产设施和设备等人工建造物体。以房屋为主的工程结构破坏是造成地震人员伤亡和经济损失的直接原因，并可能引起火灾等次生灾害。

1. 房屋建筑灾害

房屋建筑灾害是造成人员伤亡和经济损失的主要原因，历来受到重视。房屋建筑灾害的资料相对其他类型灾害较为丰富，相应的分析和研究也较多。

（1）砌体房屋

砌体房屋是以黏土砖或其他砌块、石料砌筑的墙体作为承重构件的房屋。砌体房屋，尤其是未经抗震设计的砌体房屋抗震能力不高、震害普遍且较严重（图3.3，图3.4）。20世纪90年代中国城市中，砖房占住宅总量的80%以上，且广泛用于办公和工业建筑。采取圈梁和构造柱等抗震措施的砌体房屋，抗倒塌能力有明显提高。近年推荐使用的混凝土空心砌块多层房屋和配筋混凝土空心砌块抗震墙房屋，具有良好的整体性和延性，但尚缺乏应对震害的经验。砌体房屋震害特点比较明显，如墙体承载力不足将发生斜裂缝，屋顶建筑和房屋转角容易开裂破坏，女儿墙等非承重构件容易破坏塌落。

图3.3　砌体住宅破坏　　　　图3.4　砌体教学楼破坏

（2）钢筋混凝土框架房屋

钢筋混凝土框架房屋是以钢筋混凝土柱和梁组成的框架作为承重体系的房屋，因侧向刚度偏低，一般仅适用于多层或中高层建筑。框架结构的填充墙体不承重，作间隔墙和围护墙。框架结构的主要震害现象为填充墙破坏、梁柱杆端和接头破坏以及立柱破坏等（图3.5）。

图 3.5　汶川地震中钢筋混凝土框架房屋破坏

（3）框架 – 剪力墙房屋

框架 – 剪力墙房屋是指由钢筋混凝土框架和剪力墙承重的房屋。与框架结构相比，框架 – 剪力墙房屋侧向刚度大、整体变形小，一般用于中高层和高层建筑。地震中框架 – 剪力墙房屋的框架部分和剪力墙部分均有破坏发生，底层空旷、平立面结构布置不规则等是造成破坏的重要原因。常见的破坏现象有剪力墙破坏、柔弱底层破坏、中间层破坏（图 3.6）、扭转破坏以及碰撞破坏等。

图 3.6　框架 – 剪力墙房屋破坏

（4）底层框架房屋

底层框架砖房是底层（1 或 2 层）为钢筋混凝土框架，上部为砖砌体结构的多层房屋，此类房屋底层可用作商店、车间、仓库等。底层框架结构上部砖房的破坏现象与砌体房屋震害相同，框架梁柱破坏特征与钢筋混凝土房屋相同。这类房屋的立面规则性差别很大，震害程度也有显著不同。底层框架房屋的重要力学特征是下柔上刚，如果底部开间过大或刚度不足，导致底层变形过大，地震时底层歪斜或完全垮塌（图 3.7）；如果底层框架足够强，震害多出现在上部砖房。

图 3.7　汶川地震中底层框架房屋破坏

（5）钢结构房屋

钢材的强度、韧性等优于其他建筑材料，钢结构房屋的抗震性能也优于其他类型建筑，单层钢结构厂房、多层或高层钢结构建筑的震害明显较轻。震害现场发现的钢结构房屋破坏现象主要有焊接节点破坏、构件破坏、螺栓连接与锚固失效以及轻钢结构破坏（图 3.8）等。

图 3.8　日本阪神地震中轻钢结构的弯曲破坏

（6）木结构房屋

木结构房屋是以木构架承重的房屋。世界各国均有木结构房屋。木结构一般由梁、柱、檩条等组成骨架承受楼层和屋顶的重量，建造方法因国家、地区传统习惯不同而有很大差异。中国常见的木结构房屋有木柱木梁平顶式、木柱木梁坡顶式、木柱木屋架式以及穿斗木构架式等4种类型。木结构房屋的围护墙一般由砖、土坯或毛石等砌筑，墙体不承重、采用全包或半包方式与木柱连接。木结构房屋常见的破坏现象有围护墙破坏（图3.9）、木构架破坏以及木屋架和围护墙一起垮塌等。

图3.9　木结构房屋破坏

2.构筑物灾害

构筑物一般泛指房屋以外的建筑，与大型工业设备之间亦无明确的界限。广义的构筑物包括挡墙、烟囱、水塔、储水池、散状物料储仓、矿井塔架、通廊、管道、电厂冷却塔、电视塔、微波塔、高炉系统、水闸、船闸、码头、海洋平台、桥梁、堤坝、隧道，乃至设备支承和基础等。

（1）烟囱

烟囱按建筑材料不同可分为砖烟囱、钢筋混凝土烟囱和钢烟囱。砖烟囱以无筋圆形烟囱最多，在地震中破坏严重（图3.10）；也有配筋或带圈梁、带水塔的砖烟囱，配筋砖烟囱比无筋砖烟囱震害轻，方形砖烟囱比圆形砖烟囱震害轻。钢筋混凝土烟囱和钢烟囱抗震性能比砖烟囱好，较少破坏。钢烟囱多为小型烟囱，有连接螺栓破坏、倾斜等震害。

图 3.10　砖烟囱破坏（唐山地震）

（2）通廊

通廊由下部支撑结构和上部皮带运输机廊组成，用于输送散状物料。通廊支撑结构有砖支架、钢筋混凝土支架和钢支架，上部结构有砖砌体结构、钢筋混凝土结构、钢结构、混合箱形或桁架结构等多种。通廊的主要破坏现象有上部结构破坏（图 3.11）、下部结构破坏以及转运站与通廊破坏（图 3.12）等。

图 3.11　通廊上部结构坍塌（唐山地震）

图3.12　钢筋混凝土转运站破坏（汶川地震）

（3）架空管道

架空管道依敷设方式可分为活动支架管道和固定支架管道两类。前者管道可在支架上滑动，后者管道与支架有固定措施。支架有独立式和管廊式，前者管道直接敷设于支架上，后者管道敷设于支架和支架间的水平构件上。架空管道的主要震害现象有支架破坏、管道开裂以及管道与设备连接处开裂等。

（4）挡土墙

挡土墙是防止土体坍塌的土工构筑物，在建筑工程、水利工程、铁路与公路工程中应用广泛。挡土墙以石块或混凝土砌筑，有重力式挡土墙、衡重式挡土墙、悬臂式挡土墙、扶臂式挡土墙、锚定式挡土墙和加筋土挡土墙等多种。地基条件对挡土墙的震害有重要影响，岩石和非饱和土地基上的挡土墙震害主要由振动引起；饱和土地基上的挡土墙破坏大多源自地基失效。挡土墙的主要震害现象有墙体开裂（图3.13）、倾斜移位（图3.14）和墙体垮塌等。

图 3.13　汶川地震中挡土墙水平向开裂

图 3.14　汶川地震中钢筋混凝土挡土墙倾斜

3. 生命线工程灾害

生命线工程是指社会运行所必需的能源、运输、通信、用水等基础性工程设施，一般认为包括电力（水电、火电、核电）、交通（公路、铁路、轻轨、水运、航空）、通信（有线、无线、广播、电视、计算机网络）、供排水和燃气系统等，更广义的理解还包括输油、供热系统以及核电站、大坝、桥梁等重要工程。

（1）公路工程

公路工程由道路、桥梁、涵洞、隧道、车站、信号监视设备等构成，是交通系统的重要组成部分。路基工程震害是公路工程的主要震害，通常包括路面开裂沉降、高路基破坏、路基错断（图 3.15）、路堑和护坡破坏（图 3.16）等。

图 3.15　集集地震中公路的错断隆起

图 3.16　汶川地震重山区公路的路基滑塌

（2）铁路工程

铁路工程包括路基轨道、桥梁、隧道、车站、信号通信系统和修理厂等，其震害特点与公路工程相似。铁路路基轨道的主要震害表现为路基因砂土液化或震陷而沉降变形，致使铁轨下沉或严重弯曲（图 3.17）。

图 3.17　铁路路基破坏导致铁轨弯曲

（3）桥梁工程

桥梁是交通系统重要的工程结构，主要结构类型有板梁或桁架坐落于桥墩的梁式桥、曲线拱结构支承于两端拱座上的拱桥、桥身用吊杆悬吊于桥塔间主钢缆的悬索桥、以桥塔和斜向钢缆牵拉桥身的斜拉桥、桥身与桥墩刚性连接的刚构桥。各类桥梁均包括基础、桥墩、上部结构和连接构件等部分。桥梁的主要震害现象是基础失效（图 3.18）、桥墩破坏、上部桥身破坏（图 3.19）以及连接构件破坏等。

图 3.18　桩基与地基脱离（巴楚地震）　图 3.19　断层错动对桥梁的影响（汶川地震）

（4）隧道震害

隧道属地下结构，震害相对地上结构轻。2008 年中国汶川 8.0 级地震中，许多高烈度区的隧道未见显著破坏，可以继续使用。1990 年伊朗鲁德巴尔 7.3 级地震中，位于极震区的公路隧道穿越断层上方开裂的土层，但仅在断层迹线附近隧道有裂缝和局部崩落，不影响通车。隧道震害主要表现为隧道洞口破坏（图 3.20）、洞内拱部和边墙坍落以及衬砌裂缝等。

图 3.20　北川龙尾隧道洞口破坏（汶川地震）

（5）地铁震害

地铁的地下结构部分一般震害轻微，迄今震害最严重的是日本 1995 年阪神地震中神户大开车站的破坏。该车站埋深浅，采用明挖方式施工，顶部距地面仅 2 m；地震中车站的立柱折断（图 3.21），引起地面沉陷（图 3.22）。

图 3.21　地铁车站立柱折断（阪神地震）

图3.22 地铁车站破坏引起地面沉陷（阪神地震）

（6）供电工程

供电工程由发电厂、变电站、输电塔架和线路、配电线杆和线路组成。其中，变电站的高压设备最易遭受地震破坏（图3.23，图3.24）。

图3.23 安县变电站瓷器绝缘柱折断（汶川地震）

图3.24 高压输电塔破坏（汶川地震）

（7）供水工程

供水系统包括取水设施、净水设施、泵站、供水管道、水塔及相关设备。其中，泵站和房屋建筑震害与一般房屋震害相同，供水构筑物震害见于水池震害和水塔震害。供水系统最显著的震害是地下管道的破坏，常见的破坏形式有管道接头破坏、管道管体破坏（图 3.25）、连接件破坏（图 3.26）以及取水井井管破坏等。

图 3.25　铸铁管道破坏喷水（汶川地震）

图 3.26　管道连接处破坏（汶川地震）

（8）输油气工程

输油气工程包括远距离的石油、天然气输送系统以及城市煤气供应系统等，一般由油气生产设施、油气贮存设备、控制设备、油气管线、加热加压设备及相关设施组成。其中，建筑物震害反映在房屋震害、油气贮存设备震害、控制设备和加热加压设备震害以及输油气管道震害等方面。输油气管道一般为钢质管道，主要震害现象有煤气管道破坏（图 3.27）、埋地管道破裂（图 3.28）以及输油管道着火（图 3.29）等。

图 3.27　燃气进户管道破坏（汶川地震）

图 3.28　埋地燃气管道破坏（汶川地震）

图 3.29　输油管道漏油着火（1994 年北岭地震）

（二）地震地质灾害

地震地质灾害又称地震地面灾害，是在地震作用下由地质体变形或破坏引起的灾害。一般包括地面破裂、斜坡失稳、地基失效和地表塌陷等。

1. 地面破裂

地震断层错动造成的地表断裂和各种形态的地裂缝，依成因可分为构造性地面破裂和重力性地面破裂两类，后者亦称非构造性破裂。

（1）构造性地面破裂

绝大部分灾害性地震是由断层（带）内某一薄弱面突然发生剪切错动而造成的。当一些断层错动直达地表，引起地面错动或开裂时，则称为构造性地面破裂。构造性地面破裂一旦穿越房屋地基、各类工程结构以及地下管线时，将使其发生毁灭性的破坏。例如，在 1999 年的中国台湾集集地震中，断层不仅错断桥梁，还导致河床垂直错断达 7 m。因此，为防止工程结构被构造性地面破裂摧毁，在工程建设中应避开这一危险地带。

（2）重力性地面破裂

重力性地面破裂表现为较软弱覆盖土层或陡坡、山梁处的地裂缝，这类破裂与断层构造走向无关，主要受土质、岩性、地形地貌以及水文地质条件控制。例如，由地震滑坡、地震坍陷等引起的地裂缝就属于重力性地面破裂范畴。此外，这种破裂的准静态特性也能造成地基变形或开裂，致使建筑物破坏，但因规模有限，一般危害不大。

2. 斜坡失稳

斜坡是指地壳表层一切具有侧向临空面的地质体，按成因可分为天然斜坡和人工边坡；按岩土性质则可分为岩质斜坡和土质斜坡。斜坡发生局部或整体运动的破坏现象称为斜坡失稳，主要有崩塌和滑坡两种形式。

（1）崩塌

崩塌是斜坡岩土体被陡倾的结构面切割，外缘部分突然脱离母体而快速翻滚、跳跃并坠落堆积于崖下的地质现象。崩塌按岩土性质可分为岩崩（图3.30）和土崩。崩塌一般发生在硬脆性岩高陡斜坡的坡肩部位，岩土块体常以自由落体的形式快速运动，无统一的运动面，具有瞬间成灾的特点。中小规模的崩塌经常破坏公路、铁路等生命线工程，而大规模的崩塌则可导致毁灭性的灾难。

图 3.30　斜坡岩石崩塌（包头地震）

（2）滑坡

滑坡是斜坡岩土体沿贯通的剪切破坏面发生滑移的地质破坏现象。地震引起的强地面运动可能触发滑坡，滑坡体的规模可达数亿乃至数十亿立方米。滑坡通常是较深层的岩土破坏，滑移面深入坡体内部，滑动时岩土质点的水平位移多大于垂直位移，滑坡速度往往较慢且具有整体性。在震害现场中，经常可见由地震滑坡引发的堵塞或破坏公路、掩埋或毁坏房屋及其他工程结构的现象（图3.31）。此外，在个别的地震中滑坡甚至是造成震灾的唯一因素。例如，2001年萨尔瓦多地震中发生的大滑坡（图3.32），掩埋了城镇并造成了巨大的人员伤亡和财产损失。

图 3.31 北川县城的王家岩滑坡（汶川地震）

图 3.32 萨尔瓦多地震滑坡

3. 地基失效

地基失效是指在地震作用下地基稳定性或承载能力降低乃至丧失的破坏现象。在强烈的地震动作用下，地基土的物理性质常会发生变化，从而容易导致地基土发生永久变形，或使地基强度降低甚至丧失承载能力。砂土液化和软土震陷是地基失效中最常见的两种形式。

（1）砂土液化

砂土液化是指地面以下一定深度处，饱和松散砂土在强地震动的反复作用下，内部孔隙水压急剧上升，致使土体有效应力降低、抗剪强度减小乃至丧失，地基丧失承载力或发生大范围流动或滑移的破坏现象。液化过程需要时间，喷水冒砂常见于地震发生数分钟或几十分钟后，喷发时间可达半个小时以上，最终形成液化坑（图3.33），这就是液化的宏观判别标志。

图3.33　地震中的喷水冒砂坑（巴楚地震）

通常来说，地基承载力丧失常会导致房屋等工程结构发生倾斜或倾倒。例如，1964年的日本新潟地震中，四层的钢筋混凝土结构房屋在地基出现砂土液化的条件下，发生了歪斜或完全倾倒（图3.34）。此外，由砂土液化引起的大范围的流动或滑移现象一般会出现在斜面上，流动距离可达数米，常会导致路基等土工结构或跨越土体的结构严重破坏或毁坏。

图3.34　地基液化导致的楼房倾倒（新潟地震）

（2）软土震陷

软土震陷是指在地震作用下软土中原处于平衡状态的水胶链受外力扰动而破坏，使土体黏聚力降低甚至丧失，导致承载力降低而产生显著沉降变形的破坏现象。软土震陷一般发生在沉积年代不久的淤泥质土等软土地基中。例如，在1976年的唐山地震中，天津新港等滨海地区就产生了较大震陷，震陷量15～30 cm，最大达50 cm。

工程上常以地基沉降量为指标估计震陷引起的上部结构宏观破坏等级；一般沉降在4 cm以内时对上部结构影响不大，沉降在15 cm以上则对结构有显著影响。

4. 地表塌陷

地表塌陷是指地震时在地表形成陷坑或发生陷落的破坏现象。大多数条件下，陷坑都为圆形或椭圆形（图3.35），且一般由埋藏较浅、顶层岩石较薄的石灰岩溶洞塌陷造成，直径为几米到数十米不等。地表塌陷可能在震后十几个小时才发生，通常会危及周边房屋结构的安全。少数地面塌陷由地震时矿井塌陷或原塌陷区扩大形成，此时塌陷区的形状受矿井巷道走向控制。与软土震陷相比，地面塌陷的成因不同，陷坑或陷落的形状也不相同，塌陷边缘是近似垂直的陡坎，且陷坑深度大。

图 3.35 地面陷坑（九江地震）

三、次生灾害

（一）火灾

地震火灾可由炉火、电线短路、可燃气体或液体泄漏、化学爆炸以及临时用火不当等引起。地震中火灾时有发生，加之地震造成的消防设施损坏、消防队伍伤亡、水源和供水管道受损、交通堵塞、社会秩序混乱等因素，地震火灾往往不能及时扑灭，持续蔓延而造成巨大损失。

1923 年关东地震中，东京市 277 处起火，其中 133 处蔓延成灾，烧毁了 50% 的城区，木结构房屋全部付之一炬；横滨市大火烧毁了 80% 的房屋，两地火灾造成的损失超过建筑破坏的经济损失。1976 年唐山地震时，宁河县芦台镇一户居民因房屋倒塌打翻炉火引起火灾，三间房屋全部烧光，全家三人无一幸免；天津某合成化工厂因车间倒塌造成停电，合成塔突然升温升压爆炸起火，车间设备全毁，灾民临时居住的防震棚设备简陋、缺少防火设施，加之用火不慎，共发生 452 起火灾。1995 年阪神地震中，灾民和倒塌建筑堵塞道路，致使消防车辆不能靠近起火建筑，相当部分地震遇难者死于火灾；神户市出现多处大火（图 3.36），地震破坏了供水系统，导致大火昼夜不熄，损失惨重。

图 3.36 神户市中的地震火灾（阪神地震）

（二）堰塞湖

堰塞湖是地震滑坡、崩塌和泥石流阻塞河道壅水而形成的湖泊。堰塞湖将改变壅水区上下游的自然环境，毁坏淹没区的人工结构物。2008年的汶川特大地震共造成34处堰塞湖危险地带。其中，位于涧河上游距北川县城约6 km处的唐家山堰塞湖（图3.37）是面积最大、危险最大的一个堰塞湖。其库容为 $1 \times 10^8 \, \text{m}^3$，顺河长约803 m，横河最大宽约611 m，顶部面积约 $3 \times 10^5 \, \text{m}^2$。

堰塞湖坝体垮塌又将形成洪水，造成巨大灾害。如1786年康定地震后，"泸水忽决，高数十丈，一涌而下，沿河居民悉漂以去……叙、游各处，山村房料，拥蔽江面"。1927年甘肃古浪地震后，扎木河"水流闭塞数十日，寅夜冲破，水高丈余，人登树梢、山顶、高楼、峻墙，间有生者，田地村庄扫地尽矣"。1933年四川叠溪7.5级地震造成三处山体大滑坡和崩塌，巨大的岩土体塌方落入岷江，堵塞成湖，回水25000 m以上，45天后涨水冲垮高达160 m的堰塞坝，造成水灾，致使数千人遇难。

图3.37　唐家山堰塞湖（汶川地震）

（三）泥石流

泥石流是发生在山区的携带大量泥沙、石块的暂时性急水流，其中固体物质的含量有时超过水量，是介于夹砂水流和滑坡之间的土石、水、气混合流或颗粒剪切流。泥石流的形成条件包括在大量地表径流突然聚集、有利于水流搬运大量泥沙石块的特定地形地貌、地质和气象水文条件泥石流。大多数发生于陡峻的山岳地区，其地形条件为泥石流发生、发展提供了足够的势能，造成泥石流的侵蚀、搬运和堆积能力。地质条件决定了泥石流中松散固体物质的来源、组成、结构、补给方式和速度。大量易于被水流侵蚀冲刷的疏松土石堆积物是泥石流形成的重要条件。暴雨、高山冰雪融化和壅水溃决造成的强烈地表径流是引发泥石流的动力条件。

汶川地震后，北川、绵竹一带的泥石流多处暴发（图 3.38），如北川县擂鼓镇的魏家沟、柳林村的姜家沟、麻柳湾的窑平沟、老县城附近的西山坡沟和原北川中学后山任家坪沟等多处都暴发了泥石流，其中任家坪沟泥石流直接掩埋了任家坪村 7 队、9 队村庄和原北川中学宿舍区，导致 21 人死亡、失踪，并直接威胁下游的灾民安置区。

图 3.38　北川县委大门泥石流发生前后堆积体的变化

（左图为地震后情形，右图为泥石流暴发后情形）

（四）海啸

海啸是由海底地震、火山喷发或海底泥石流、滑坡等海底地形突然变化所产生的具有超大波长和周期的大洋行波。当其接近近岸浅水区时，波速变小，振幅陡涨，有时可达 20 ～ 30 m，骤然形成"水墙"，瞬时侵入沿海陆地，造成危害。与一般仅在海面附近起伏的海浪不同，海啸是从深海海底到海面的整个水体的波动，因此携带着惊人的能量。

　　海啸现象十分复杂，一般认为，开阔海洋中海啸波是又长又矮的，它们的椭圆型波阵面约以速度 $c = \sqrt{gd}$ 移动（式中 g 是重力加速度，为水深）。例如，在中太平洋区域，水深为 3000～5000 m，海啸波行进的速度可达每小时 600～800 km，同波音飞机飞行的速度相当。可以想象，高速行进的海啸波受海底地形地貌、水下暗礁和大陆架的影响而发生折射、反射和绕射，变得异常"壮观"和"杂乱无章"，当它逼近海岸并进入 V 形和 U 形海湾或港口内时，由于水深变浅和宽度变窄，海啸波的高度迅速增加数倍并使能量聚集。

　　1896 年 6 月 15 日，历史上最严重的海啸之一袭击日本，冲上陆地的巨大波浪达潮位以上 20～30 m，海啸吞没若干村庄，导致 27000 余人死亡，10000 余间房屋毁坏。2004 年 12 月 26 日，发生于印度洋的特大海啸使印度尼西亚、印度、斯里兰卡、孟加拉国和泰国等十多个国家遭受到巨大损失，29 万余人致使，成为世纪灾难。2011 年 3 月 11 日，日本东北部海域发生 9.0 级地震并引发海啸（图 3.39），海啸最高达到 10 m，影响到太平洋沿岸的大部分地区，造成重大人员伤亡和财产损失。中国除台湾外，历史上的海啸事件不是很严重。

图 3.39　地震海啸（东日本大地震）

（五）有毒有害物质泄漏

地震时，企业、学校、医院和实验室等贮存的有毒有害物质可因容器损毁造成泄漏，产生巨大危害。这些物质包括：光气、液氯、液氨、氮氧化物、硫化氢、二氧化硫、酸、碱、氰化物、病毒、病菌、放射性物质（钴、铀、镭、锶）和放射性污染物等。这类事故在地震中尚不多见。

1976 年唐山地震时，天津市发生毒气泄漏 7 起，致 21 人中毒，其中 3 人死亡。2007 年日本新潟中越近海地震中，柏琦市核电厂含放射性的冷却水泄漏。2008 年汶川地震中，什邡市两所化工厂发生毒气泄漏，引发火灾并污染水源。2011 年日本东北部海域 9.0 级特大地震，导致福岛、女川、东海等核电站 11 座核反应堆自动停堆关闭，其中福岛第一核电站 4 个机组相继发生氢气爆炸，引发核泄漏，造成了严重的灾害。另外，地震后寻找遗失、埋压的有毒有害物质储存容器还将耗费大量人力和物力。

（六）疫病流行

震后水源污染、供水系统中断，灾民和救援人员均缺乏洁净的饮用水；震区粪便、垃圾、污水处理系统及卫生设施破坏，蚊蝇等大量孳生；因心理恐慌、精神紧张、避难和救援体力消耗巨大，人体抵抗力降低；临时避难场所人口密集、缺乏隔离措施；人畜大量死亡，在气温高、多雨的情况下，尸体迅速腐败，严重污染空气和环境。这些原因都极易导致肠道传染病、虫媒传染病、人畜共患病和自然疫源性疾病及食源性疾病等的发生与蔓延。

1920 年，宁夏海原地震"震后地坼、泛滥黑水，瘟疫大兴"。1937 年山东菏泽震后，《大公报》报道："震后臭气冲天，瘟疫盛行"。1556 年陕西关中地震，震后"疫大作，民工疾、饿、震死者十之四"，当时朝廷派往灾区赈灾的右侍郎邹守愚亦染病毙于长安。在唐山地震和汶川地震中，国家及时调配大量饮用水和食品输送到灾区，大批防疫队伍采取强有力的措施防病治病，有效防止了疫情的发生与蔓延。

四、其他灾害

除上述灾害之外，地震后还可能引起范围极其广泛的社会性灾害，如饥荒、社会动乱、人的心理创伤、金融动荡等。

例如，强烈的破坏性地震在瞬间使部分居民处于鳏、寡、孤、独状态，众多家庭解体，家庭重组、孤儿抚育、残疾人康复等都成为重大社会问题。地震造成的惨烈状况、环境变化、人员伤亡以及长时间的紧张避难、抢险行动都将会给相关人员造成精神、心理损伤，形成孤独症、恐惧症、强迫症等精神疾病。

地震使自然环境、社会环境发生重大变化，社会组织突然受损、正常社会规范失去效能，往往导致哄抢和偷盗国家、个人财产等越轨行为与犯罪。地震监舍破坏后，服刑人员的安置和转移需要大批警力。地震谣传将引起社会再度混乱，导致群体性和部分人盲目外逃避震、抢购生活物资，严重冲击社会生产与生活；偶有风吹草动便引发群众惊慌失措，因人群踩踏、跳楼、心脏疾病发作而致死的事件时有发生。非常时期，社会秩序的维护面临着重大困难。

地震灾害造成的环境变化使居民暂时失去生产资料和就业机会，乃至改变其生活和生产方式，导致人口迁徙；学校停课将影响和干扰一代人的正常教育；劳动力、管理人员和专业人才的伤亡将对社会经济发展产生持续影响。地震应急需要巨大的人力和物资投入，灾区企业停产的影响将波及产业链的上下环节；巨灾的发生将对财政和经济造成重大冲击，其影响甚至超出地区和国家的范围，可能引起地区或全球金融动荡，致使经济发展迟缓甚至倒退。

震后恢复重建将面临土地资源、水资源、森林矿产资源、旅游资源的重新分配，会引发不同利益人群的矛盾。政府对灾区和灾民的经济补偿对策、保险公司的理赔等都将面临极其复杂的情况，处理不当将引发纠纷和群体事件。

第四章 地震监测预报

地震监测是指对地震活动、与地震相关的前兆现象的监视和测量，而地震预报是指向社会公告可能发生地震的时域、地域、震级范围等信息的行为，那么地震到底能不能通过监测的手段和已有的理论进行有效预报？有的观点认为"地震不能预测""需要几代人甚至几十代人长期坚持不懈地努力"；但也有人认为地震不但可以预测预报，而且发震时间能够精确"预测到小时，乃至分钟"。事实上，随着科学技术水平的进步，人类对地震的认识水平也在不断提高，我们有诸如辽宁海城、云南龙陵、四川松潘等许多地震的临震预报实例，这说明，地震是可以预报的，但是由于地震经常发生在数千米甚至数十千米以上的深度，人类的认识能力和科学技术水平还不能实现对其较清晰的认识，漏报甚至错报的地震也不在少数，需要做更多努力。

一、中国地震预测的概况

（一）中国地震预报的发展历史

我国古代和近代都有过一些关于地震预报的研究，试图结合地震之前的各种异常现象与地震关系的研究，对未来可能产生的地震进行预测预报。如 17 世纪《银川小志》记载："银川地震，每岁小动，民习以为常，大约春冬居多，如井水忽浑浊，炮声闪长，群犬围吠，即防患如若秋多雨水，冬时未有不震者"。在这些文字记录中，包含了地下水、地声、动物习性等异常现象与地震的关系，还包含地震的发生与气象、季节等相关关系的认知。张衡发明了世界上第一台地震观测仪器——候风地动仪，对地震的观察、记载堪称世界领先。

我国地震监测预报工作的发展进程，可大体分为四个阶段：

1. 萌芽阶段

这一阶段主要是技术引入和初步探索阶段，一些受过西方地震观测技术发展影响的专家学者陆续开展地震观测和地震考察等工作，并建立了我国第一个地震台（见图 4.1），共记录到 2472 次地震。同时，人们也注意到许多大震发生前，总会存在一些异常现象，包括水位、潮汐、动物、天文现象等异常现象，开始研究这些前兆异常与地震发生的相互关系。

图 4.1　我国第一个地震台

2. 初期阶段

这一时期的工作主要为地震监测预报进一步发展奠定初步基础。随着大地震陆续在一些大城市附近发生，引起政府部门和科学家的重视，1953 年，我国成立了"中国科学院地震工作委员会"，收集和整理中国的地震历史资料，并结合我国具体情况，编制了《中国地震烈度表》和历史地震震级表。1958 年，中国科学院组织地震预报考察队，赴西北宁夏、甘肃等地考察宁夏海原 8.6 级大地震、甘肃古浪 8 级大地震、甘肃昌马 7.5 级大地震等地震的前兆现象，以通过寻找前兆现象探索地震预报的方法和途径。经过一段时间的工作，考察队发现地震之前群众反映最多的是地声、地光、地下水、动物、气象等方面出现的异常现象，但很难确定这些现象为地震前兆的可靠性，尽管如此，这些实践还是给出了有意义的探索。

3. 发展阶段

这一阶段为强震活跃期，同时也是地震预测预报工作集中发展期，1966 年 3 月邢台 6.8 级、7.2 级地震后，周恩来总理在视察地震灾区后指出（见图 4.2），地震是有前兆的，勉励大家要努力研究地震预报，不能只给后人留下记录，从此中国的地震预报事业以邢台地震现场为发源地，有计划地开展了以预报为使命的地震科学研究，并在全国范围内蓬勃地发展起来，地震预报研究，在短短的时间里取得了较大的发展，特别是1975 年辽宁海城 7.3 级地震的成功预报极大地鼓舞了国内外地震学家的研究热情。该高潮期从 1966 年邢台 7.2 级地震开始，到 1976 年唐山 7.8级和松潘 7.2 级地震结束，整整持续了 10 年。10 年间，中国大陆地区发生了 14 次 7 级以上地震，其中 12 次发生在华北和西南的川滇地区。强烈的地震活动激起了社会对地震预报的空前需要，同时也为地震预报的科学发展提供了前所未有的条件。随着一系列大地震的发生，地震预报的科学实践遍及全国主要地震活动区。

图 4.2　周总理视察邢台地震灾区

4. 提升阶段

我国从 1976 年开始出现了一段地震活动相对较弱的时期，此阶段，我们的注意力转移到过去的各种地震案例上，不断总结经验，提升技术，完善理论，从监测设施建设到理论系统攻关，取得了可喜的成绩。在监测设施建设方面，截止到 1989 年底，已建有测震台站 400 多个，地震遥测台网 19 个，形变台站 262 个，水化学台站 493 个，水位井孔点 504 个，地磁台 255 个，地电台 95 个，重力台 14 个，应力应变台 70 个，电磁波台 36 个。此外，每年还进行 20000 km 以上的形变、重力、地磁等的流动观测，观测点达 4000 多个。在如此广泛的监测基础之上，共获得 80 多次震前有较多观测数据的 5 级以上地震的震例资料。在这些资料中，通过系统深入地分析、研究，提炼出与地震发生相关的异常变化，并将与地震孕育、发生相关联的有别于正常变化背景的异常变化称之为地震前兆。据粗略统计，共取得地震活动、地壳形变、地下水、水化学、地电、地磁、重力、应力应变以及宏观异常现象等多种前兆异常上千条，归纳出 11 类地震前兆、75 种异常项目。如此丰富的震例资料，不仅在中国是第一次，而且在世界上也是前所未有的。所以，它不仅是中国地震预报科学研究的宝库，同时也为世界各国地震学界所瞩目。通过对这些实际资料的总结、归纳和分析，为逐步认识地震预报提供了实际经验规律，也为建立地震预测预报的前兆异常判据及指标提供了科学依据（见图 4.3）。

图 4.3 门头沟区沿河城水氡观测站

（二）地震预报的现实水平

在对大量地震案例资料进行总结的同时，对其中的前兆现象、孕震过程和孕震机制进行广泛研究，提出了诸如"组合模式""红肿学说""膨胀蠕动模式"等理论，使得地震预报工作从茫然无知的状态逐渐转向科学和综合的预报状态，同时也出现了部分较为成功的预报实例：1975 年 2 月 4 日辽宁海城 7.3 级地震前，地震部门曾做出了准确的预报。早在 1970 年，地震专家就根据当地的地质构造背景做出了长期预报，确定辽宁的营口地区为全国地震重点监视区之一。1974 年，根据辽南地区的多种异常现象，专家又做出了中期预报，预测辽宁半岛及附近海域 1975 年上半年可能发生 6 级左右地震，1—2 月发生的可能性更大，根据 2 月初营口、海城地区的小震活动异常，地震工作者于 2 月 4 日 0 时 30 分提出可能发生大地震的临预报意见，4 小时后在全省范围发布，并提出 5 条防震要求，采取了配置应急人员、建设防震棚和避难场所等防震措施。2 月 4 日，为集中避难人群，从傍晚开始放电影，19点36分，伴随着剧烈的震动，房屋倒塌、大地开裂、水和泥沙喷涌而出，由于事先对这次地震的时间、地点和地震强度做出了精确预报，成功地挽救了数万人的生命，直接经济损失减少了40多亿元，为世界地震预报史筑起了一座丰碑。这次预报并不是一次偶然，1976年5月29日，云南省龙陵发生了7.5级和7.6级两次地震；同年8月16日，四川松潘、南坪一带先后发生了7.2级、6.7级和7.2级强烈地震；11月7日，云南与四川交界处的盐源、宁蒗发生了6.9级地震，对这些强震，我国的地震部门切实加强了短临预报跟踪工作，充分发挥了专群结合的优势，根据各类前兆手段异常变化资料和临震前兆，较成功地实现了这组强震中期、短期和临震预报。

但是由于地震预报是一个世界上尚未解决的科学难题，地震预报作为一门科学研究，尚处于初级阶段，已经取得的成就距离突破地震预报的最终目标还有非常遥远的一段距离，虚报、漏报和错报还占有相当大的比例，比如中国的唐山和澜沧、苏联的亚美尼亚、美国的旧金山附近发生了一系列7级以上的大地震，尽管震前都有不同程度的预报，但均未能做出短临预报，造成了严重的损失。究其原因，主要在于当前的地震临震预报一般是根据地震发生前出现的种种异常现象，在某些假设条件下进行的，而这些现象并不具有普遍性，不同地区由于区域地质构造条件和区域自然环境因素的差异，异常现象也有明显差异，不能将一个地方的地震前兆异常现象与地震的关系完全应用到另一个地方的地震临震预报中。同时，针对异常现象本身而言，其发生并不一定就是由地震引起的，异常现象与地震之间的关系具有不确定性。由此可见，当前的地震预报尚处在初级阶段。在现有条件下，还不可能对破坏性地震都做出准确的预报，但是充分和合理地应用现有的实践经验或在某些有利条件的情况下，地震科学工作者们有可能对某些类型的地震做出一定程度的预报，进而减轻地震产生的损失。

（三）地震预测预报的难度

1. 地球内部的"不可入性"

地震的震源即指地球内部岩层破裂引起振动的地方。地震震源一般位于地球内部 5 ~ 20 km 的深度，人类现在钻探的深井最深也只有 12 km，所以对于震源的真实情况，以及地震的孕育过程，无法直接深入高温高压的地球内部进行观测，也很难取出完整样品进行研究，有时即便能够取出完整的样品，一方面由于样品取出后，脱离了原有的地质环境，难以反映初始状态下样品的破坏机理，另一方面由于样品尺寸难以代表大规模的岩体错断破坏，所以，现在我们只能通过地球表面浅部稀疏的地震台站来观测、推断地下发生的变化。同时，由于地震在全球地理分布不均匀，震源主要集中在环太平洋地震带、欧亚地震带和大洋中脊地震带，这样获取的数据很不完整，也很不充分，难以据此推测地球内部震源的实际情况。因此，到目前为止，人类对震源的环境和震源本身特点了解还很少。

2. 大地震发生的小概率性

全球平均每年发生 7 级以上地震 17 ~ 18 次，而且大部分在海洋里。我国是大陆地震最多的国家之一，平均每年也只发生 1 次左右 7 级以上的地震，而且我国大陆地区的强震又有 85% 发生在西部，其中有相当比例发生在人烟稀少的青藏高原。这就从区域和强度两方面限制了地震规律的分析和认识。另外，地震活动类型与前兆特征往往与地质构造及其运动特征有关，也就是说，具有地区性特点。在一个具体地区内，强震复发期往往要几十年或几百年，甚至更长。这样的时间跨度与人类的寿命、与人类有仪器观测地震历史以来经过的时间相比要长得多，地震观测资料非常有限。作为一门科学的研究，必须要有足够的统计样本，而在人类的有生之年获取这些有意义的大地震样本是非常困难的。迄今为止，对大地震前兆现象的研究还处在对各个具体震例进行总结研究的阶段，还缺乏建立地震发生理论所必需的经验规律。

3. 地震物理过程的复杂性

地震专家通过多年的研究，逐渐认识到地震孕育、发生、发展是一个十分复杂的过程。地震类型也是多种多样的，在不同的地区有不同的地震类型，甚至同一地区在不同时间发生的地震，其地震类型也不相同，地震预报也会经常遇到"震无常例"的困难。

（四）地震预报的三要素与四阶段

1. 地震预报的三要素

我们都知道天气预报会告诉我们什么地点、什么时间会发生什么样的气象变化。地震作为一种自然现象，其预报也要求像天气预报一样告诉人们：（1）什么地点将要发生地震？（2）什么时间发生地震？（3）发生地震的强度有多大？所以，地震预报的三要素即地震发生的地点、时间和震级（见图 4.4）。

2. 地震预报的四阶段

我国的地震预报采用渐进式和滚动式的预报方法，按其时间段划分为长期预报、中期预报、短期预报和临震预报 4 种。地震长期预报，是指对未来 10 年内可能发生破坏性地震的地域的预报；地震中期预报，是指对未来 1～2 年内可能发生破坏性地震的地域和强度的预报；地震短期预报，是指对 3 个月内将要发生地震的时间、地点和震级的预报；临震预报，是指对 10 日内将要发生地震的时间、地点和震级的预报。

地震的中长期预报，特别是地震长期预报，主要目的是对某一地区的地震危险性及其影响的预测，包括全国或区域性的地震区划；建设规划区及工程场地的地震烈度、地震地面运动参数、地震小区划和震害的预测；全国或区域性的地震活动趋势的预测。短期预报，特别是临震预报，要求迅速、及时、准确地确定发震的地点、时间和震级，以使在强烈地震到来之前，采取必要的坚决的预防措施。

图 4.4 地震监测预报三要素

二、地震预测

（一）地震预测的 3 种基本方法

1. 地震地质方法

应力积累是大地构造活动的结果，所以地震的发生必然和一定的地质环境有联系。

预报地震包括预报它发生的时间、地点和强度。地质方法是宏观地估计地点和强度的一个途径，可用以大面积地划分未来发生地震的危险地带。由于地质的时间尺度太大，所以，关于地震时间的预报，地质方法必须和其他方法配合使用。

地震是地下构造活动的反映，显然应当发生在地质构造活动比较活跃的地区，尤其是在有最新构造运动的地区。不过，老的构造带的残余活动有时能持续很长的时间，偶尔也会发生地震，所以也不能完全忽略。

一般认为，大地震常发生在现代构造差异运动最强烈的地区或活动的大断裂附近；受构造活动影响的体积和岩层的强度越大，则可能发生的地震也越大；构造运动的速度越大，岩石的强度越弱，则积累最大限度的能量所需的时间越短，于是，发生地震的频度也越高。

但也有不少例外，如在地震发生前，地质构造往往不甚明朗，震后才发现有某个断层，并认为与地震有关。

2. 地震统计方法

地震成因于岩层的错动，但地球物质是不均匀的。在积累的构造应力作用下，岩石在何时、何处发生断裂，决定于局部的弱点，而这些弱点的分布常常是不清楚的。另外，地震还可能受一些未知因素的影响。由于这些原因，当所知道的因素还太少的时候，预报地震有时就归结为计算地震发生的概率的问题。这种方法需要对大量地震资料做统计，研究的区域往往过大，所以判定地震的地点有困难，而且外推常常不准确。统计方法的可靠程度取决于资料的多少，因而在资料太少的时候，它的意义并不大。在我国有些地区，地震资料是很丰富的，所以在我国的地震预报工作中，这也是一个重要的方面。

3. 地震前兆方法

一次地震，一般都会出现一些异常现象，我们把与地震的产生有密切关系的异常现象称之为地震前兆。只要利用好地震前兆，就能对地震发生的时间、地点和强度给出比较肯定的预报，所以，问题的关键是我们如何去利用好地震前兆，即如何识别与观测地震前兆是地震预报的核心问题。

有些"前兆"现象可能有多种成因，不一定来源于地震；有些前兆常为别种现象所干扰，必须将此种干扰排除后，才能显示出来；有些前兆只是一种近距离的影响，必须在震中附近才能观测得到，而未来震中的位置预先是不知道的。这些问题在实践中经常遇到，需要加以研究解决。地震前期，地壳受应力的作用，随着时间的推移，岩石的应变在不断地积累，当积累到临界值时，就会发生地震；在应变积累的时候，地球内部在不断地发生变化。地壳内部的变化表现为多种形式：岩石的体积膨胀、地震波速度变化等等。地壳内部的变化影响着小震活动、电磁现象等，在某些情况下，还影响着地壳中的含水量和氡、氦气体的迁移。这些变化和现象，就是地震的前兆，我们只要将这些变化或者现象识别并且辨认出来，就能够对地震的预报做出一些解释。

以上3种方法都有其局限性，都不能独立地解决地震预测问题。三者必须相互结合、相互补充，才能取得较好的预测效果，即必须采取综合预测方法。

（二）地震发生前可能会发生的一些异常现象

1.地壳微小的形变

地形变异常指地形测量发现的地壳构造运动引起的异常变化，构造地震的产生一般是由于断层两侧的岩层在构造应力的作用下能量不断积聚，从而出现微小的位移，当能量积聚到一定程度时就会释放，从而产生地震，所以在大地震发生前，震中附近地区的地壳可能产生微小的形变，借助精密仪器，可测出这种十分微弱的变化，对这些资料进行分析，找出能量释放的规律，可帮助预测地震。根据多年来的大地测量结果发现，我国几次较大的地震，如1966年邢台地震、1969年渤海地震、1969年广东阳江地震、1970年云南通海地震、玉溪地震等，震前都有地形变异活动。

2. 地下水异常现象

地下水是指储存于地表以下岩土颗粒间隙中可自由流动的水。地下水会与地下岩石和土壤颗粒之间发生各种物理作用和化学反应，只要地下岩土颗粒有变化，地下水通过不断的运动将这种信息向上传递，使我们在地表可能发现诸如井水水位突然上升或下降、井水变浑浊、井水冒气泡、井水突然变味等现象。但是地下水出现异常现象，并不意味着一定会和地震有关系，在实践中一定要注意分析和判别。比如，井水水位突然上升和下降，主要受降雨影响而具有周期性，多日连续降雨可能导致水位升高，特别是对浅层水来说，表现得更为明显；再比如井水变浑浊，有可能是由于井壁坍塌、地表径流或者含水层中携带的细微颗粒土导致的（见图 4.5）。

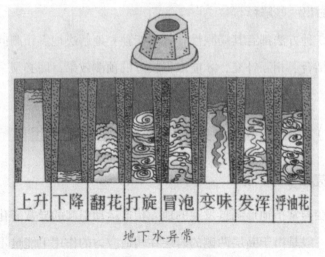

图 4.5　地下水异常

3. 动物的震前异常反应

古今中外大量事实证明，地震前动物的确有异常反应，这主要与地震成因、地震形成区域的物理与化学变化以及动物的感官生理、生物化学效应等一系列因素有关，比如大震孕育的过程中，岩层不断积累能量，在发生总破裂释放能量之前，常会在岩层局部产生细微的破裂和错动，其特点是振动的频率较高。我们人类无法感知这些频率，但是有些动物却能敏感地感受到这种刺激并产生相应的反应，例如，人所感受的声频最高为2万多赫兹，而狗可达到3.5万赫兹，猫可达5万赫兹，小家鼠可达9.5万赫兹，海豚甚至可达10万赫兹以上。

4. 植物的异常反应

据有关学者的研究，震前植物异常的现象主要有如下几种：不适时令开花、结果，重花、重果现象，提早出苗、萌芽和成熟极不易开花的植物突然开花结果，植物在震前突然枯萎死亡等。植物异常出现的时间很不一致，有的在震前1年，也有的在震前几个月至几天不等。总的来看，植物异常的时间距离发震时刻很近，例如含羞草在震前10小时左右就有反应。关于震前植物异常的原因，目前还是个谜。从本质上讲，植物变异是其自身为适应环境变化而做出的反应。因此，一般认为震前植物异常可能与震前所出现的一系列物理和化学的异常变化有关，其中主要的有气象和地温异常、地下水异常、地电和地磁异常等。另外，地光等也可能对植物异常有所影响。还有人提出，震前空气中离子浓度的改变，也有可能对植物的不适时令的开花等现象有影响，总之，植物异常的原因有待进一步探索。

必须注意的是，植物在地震前是会出现一些异常开花现象的，但植物异常开花的出现不一定都是地震的前兆。在植物生长季节出现旱、涝、低温、病虫害及人畜的破坏，整枝的不适当，新移栽，水土流失，肥力不足，管理不善或树木衰老等原因，也会使其生长期提前或推迟，所以在出现花期异常现象时，我们必须对其异常现象进行认真的分析，去伪存真，排除非地震因素的干扰。

5. 气候反常变化

一个地区的气候变化，主要是由3个因素决定的，即太阳辐射、大气环流和地理环境。其中，大气环流是具有全球性的大气运动，因此是最为活跃的因素。天气气候的变化主要就是由大气环流的异常造成的，并与当地的地理环境密切相关。当我们发现气象异常时，应请教当地气象台的技术人员，了解天气气候反常的原因，并根据发生异常的地理位置、当地的地震监测情况进行综合判断，才能决定其异常的性质。

此外，地震云也是很多人所关注的一种可能前兆。早在 17 世纪，中国古籍中就有"昼中或日落之后，天际晴朗，而有细云如一线，甚长，震兆也"的记载。1935 年，宁夏的《重修隆德县志》中记载有"天晴日暖，碧空清净，忽见黑云如缕，宛如长蛇，横卧天际，久而不散，势必为地震"，关于地震云的形成有两种说法：一是热量学说——地震即将发生时，因地热聚集于地震带，或因地震带岩石受强烈引力作用发生激烈摩擦，而产生大量的热量，这些热量从地表溢出，使空气增温，产生上升气流，这气流于高空形成"地震云"，云的尾端指向地震发生所在地；二是电磁学说——地震前，岩石在地应力作用下出现"压磁效应"，从而引起地磁场局部变化，地应力使岩石被压缩或拉伸而引起电阻率的变化，使电磁场有相应的局部变化。由于电磁波影响到高空电离层而出现了电离层电浆浓度锐减的情况，从而使水汽和尘埃非自由地有序排列，从而形成了地震云。一般认为，地震云出现的时间以早上和傍晚居多；地震云持续的时间越长，则对应的震中就越近；地震云的长度越长，则距离发生地震的时间就越近；地震云的颜色看上去越令人恐怖，则所对应的地震强度就越强。目前，对于地震云的形成原因众说纷纭，虽然各有道理，但是都不能完整地解释地震前出现的这种现象，所以至今还是个谜，而且地震本身是个非常复杂的过程，所以预报地震最好采用综合法。

6. 地震前可能会产生地声现象

由地震造成的声音叫作地声。人们很早就注意到地震前出现的地声现象，并利用地声做临震预报。我国史书上记载地声的例子很多。古人描述：
"每震之前，地内声响，似地之鼓荡"；"将震之际，平地有巨大风声怒吼"。《魏书·灵征志》记载：山西"雁门崎城有声如雷，自上西引十余声，声止地震"。清朝乾隆年间的《三河县志》记载 1679 年三河 8 级地震前的情景：
"忽地底如鸣大炮，继以千百石炮，又四远有声，俨然十万军飒沓而至，余知为地震……" 1976 年 7 月 28 日唐山大地震前五六个小时，不少人也听到特别奇怪的声音。

地声同其他声音一样，也是由于振动引起的。地震前，由于地壳中岩体的脆弱部位首先发生断裂或滑擦而引起的声现象，是地震孕育过程中的一种物理现象，是一种地震先兆现象。注意观测地声，对地震预防有重大意义。据地震调查，地声有各种不同的声音特征，而且同一地震在不同地区人们听到的地声往往不同，而不同时间同一地区的地震往往具有相同的声学特征，说明地声与构造、岩性、作用力大小、物体共鸣与反射等因素有关。基岩出露地区比厚沉积层易于传送地声。地声多出现于临震前 10 分钟以内（占总例数的 78%），个别地声出现于几小时之前。地声出现的范围可达到距震中 300 km 处，但越接近极震中区越多。在震中区或近震中的范围内能普遍听到地声。极震区的人不能辨出声音发出的方向，而远处的人则往往认为可以辨认。在靠近震中的地方，大震前可以听到像狂风、雷声、坦克开过来的声音，像开山炸石的沉闷爆炸声等。地声和人们日常生活中经常能听到的声音有明显的区别，多半声音沉闷，而且震级越大越沉闷，声音也越大。

7. 地震前可能会产生地光现象

伴随地震而出现的发光现象叫作地光。有关地光现象的资料古今中外都有记载。比如，1975 年 2 月 4 日辽宁海城 7.3 级地前，从丹东到锦县、大连至沈阳的广大地区见到地光，在海城、营口一带十分普遍，震时地光照亮全区，如同白昼一般。震前一天开始在海城、盘锦等地见到大量火球由地面升空，其状如球、锅盖、电焊光、信号弹等多种，还可见篮球大小的火球在地面上滚动，碰到物体就爆炸。1976 年 7 月 28 日河北唐山 7.8 级地震前一天开始，震中及其外围上百千米范围内出现大量的地光现象，发震当晚更为强烈，约 60% 的人见到了地光。滦南县内，震前 6 小时看到庄稼地上空 8 ～ 9 米高处闪现一片蓝光，持续 2 ～ 3 秒；震前 5 小时乐亭县见到一条红黄相间的光带，像架空电线着了火似的；在昌黎县，震前 2 小时见到一条很长的白色闪光，瞬间照亮一大片天空。

关于地光的成因尚无定论，目前主要是电磁发光现象和可燃物质氧化燃烧现象两种说法。在地震孕育发展过程中，可能引起电磁发光现象，如地下电流异常、岩石粉尘摩擦生电、空中电异常、地下石英的压电效应造成空气电场异常、放射性物质引起的低空大气电离现象等。但是，千万不能盲目地把一切"闪光"现象都归结为地光，比如平时还可见到高压输电线走火发光的现象，此为输电线遭雷击，线上出现的高压引起线路短路或局部熔化烧断引起；或线路绝缘表面被微尘、废气等导电物质附着包围，遇到潮湿空气导电而发光；大风天气两根输电线摆动碰撞发光；等等。闪光可能是在夜间焊接作业时发出的电焊光，这种光出现的位置明确，辉光照射的范围十分有限，强度一般比地光弱。生物也有发光现象。某些海洋生物，如海绵、水螅、海生蠕虫螺、海蜘蛛及某些鱼类等，都能在夜间发光。但它们发出的多是冷光，颜色以淡蓝色为主，红色与橙色等很少。作为地震宏观异常出现在海面上的地光，多固定在一定范围内，不会随生物群落的运动而迁移，而且发光强度很大，有时还伴随有火球、光柱等现象，易与生物发光区别。

以上异常现象是否是地震的前兆现象，需要分析和判断异常现象与地震的关系，有些异常是由地震引发的，而有些是由别的因素引发的，所以这些异常现象的产生并不代表地震真正发生，还需要政府发出通告后才能确定。

（三）我国对地震预报权限的规定

我国建立了一套科学严谨的地震预测预报工作模式，主要包括"提出地震预报意见、评审地震预报意见以及发布地震预报信息"几个环节。

1. 提出地震预报意见

对某一地区未来地震可能发生的时间范围、空间范围和震级大小范围进行估计和推测，就是以客观的地震监测资料为依据，以地震预测的科学方法技术为手段。震情会商是目前集体提出地震预测意见，并形成地震预报意见的工作方式。会商时，各学科的专业技术人员对提出的各种地震预测意见和所依据的异常现象进行综合分析研究，形成地震预报意见，并根据时间长短分为长期（10年以后）、中期（2年以后）、短期（3个月以后）和临震预报（10天左右）意见。成功的地震预报应具备三个条件：一是科学上的准确——科学、合理、明确地预测出发生地震的时间、地点和震级大小；二是程序上的严密——规范严谨地按照观测、预测、会商、评审、发布等环节要求去运作，每个程序环节都必须有以法律为保证的权威性和严肃性；三是社会公众的参与——即地震预报发布后，社会积极响应，公众合理有序地应对。

2. 评审地震预报意见

在地震预测方法理论没有成熟之前，地震预测可能成功，也可能失败。所以，我国建立了地震预报评审制度。在地震预报意见形成之后，要专门组织各方面专家进行评审，对意见的科学性、合理性进行审核，并确定预报的发布形式，评估地震预报发布后可能产生的社会和经济影响，提出地震预报发布后的对策措施等。

3. 发布地震预报信息

《中华人民共和国防震减灾法》规定，地震预报由省级以上人民政府发布。因此，真正的地震预报是通过广播、电视、报纸或者其他正规途径发出的。一般认为，我国目前确定十年期左右的地震重点监视防御区的做法属于长期地震预报，由国家地震局组织其他有关地震部门提出，向国务院报告，为国家规划和建设提供依据；确定一年期地震重点危险区的做法属于中期地震预报，由国家地震局或省、自治区、直辖市地震部门提出，经有关省、自治区、直辖市人民政府批准，并对本行政区内的重点监测区作出防震工作部署，同时报告国务院；时间尺度为月的属于短期地震预报；时间尺度为日的属于临震预报，短临预报由省、自治区、直辖市地震部门提出，经所在省、自治区、直辖市人民政府批准，同时报国务院批准后再适时向社会发布。

发布地震预报，既是一个科学问题，更是一个复杂的社会问题。地震预报的发布有着广泛而重大的社会影响。准确的地震预报，可以极大地减少人员伤亡，减轻灾害损失。据估算，海城地震成功预报，避免了约10万人死亡，减少了数十亿元的经济损失。但如果在发出短临地震预报期间，所预测的地震没有发生，同样也可能造成社会混乱、经济损失和人员伤亡。正是由于地震预测的不成熟和发布地震预报后可能造成广泛而深远的社会影响，因此，国家对地震预报权限进行了严格规定，除了政府，任何单位或个人，包括地震部门的研究单位或工作人员，都不允许向社会透露、散布有关地震预测的消息。

（四）地震谣言

地震谣言是一种既无确切来源，也无事实根据，仅凭一些所谓的"专家之言"或者国外某些权威机构的预测，散布的一些地震"消息"，给人们造成心理恐慌，轻则导致群众惶恐不安、工厂停产以及抢劫财物等影响社会稳定的事件产生，重则可能引起踩踏、跳楼等造成人员伤亡的恶性事件。2003年5月，河南省安阳、鹤壁、新乡等地出现大范围的地震谣言，致使人们夜不归宿，纷纷在市区空地和郊区搭建临时帐篷，方便面、水以及帐篷等生活物资被抢购一空，严重影响了社会稳定。2010 年 1 月山西运城发生地震后，太原地区出现一股地震谣言，导致太原、晋中、长治、晋城等地区十几个县市数百万人纷纷走出家门，挤上街道，等待所谓的地震的发生，严重影响了社会稳定。

"流言止于智者"，我们大家应该有自己的基本认知和判断，地震谣言一般对地震三要素（地点、时间和强度）说得非常精确，有时对地震的震级进行夸大，这些都是不可信的，因为地震预报还远没有达到如此精确的水平；有时打着高深的大旗，标榜着某些大专家或者国外权威机构的地震传言，都不可信，因为我们国家对地震预报有严格的规定，地震预报一般是由省级人民政府发布，任何人和单位都无权发布地震消息。除此之外，我们也不能制造和传播地震谣言，我国《地震预报管理条例》规定，对制造谣言、扰乱社会秩序的，依法给予治安管理处罚。只要我们每位同学都能够认真学习地震知识，不信谣、不造谣、不传谣，主动向身边的亲戚朋友宣传有关的地震知识，地震谣言这一人为灾害会越来越少。

第五章　地震灾害防御

　　地震具有巨大的破坏性，往往在瞬间导致山崩地裂、地表变形，摧毁城市和乡村，造成人员伤亡和经济损失，同时引发火灾、水灾、瘟疫、滑坡、泥石流等次生灾害，给灾区的社会生活和经济发展造成严重影响。有统计表明，全世界因地震灾害死亡的人数占各类自然灾害死亡总人数的58%。我国的陆地面积仅占全球陆地面积的1/15，但发生的陆内地震约占全球的1/3，造成的地震死亡人数超过全世界总数的一半。20世纪以来，全球共发生4次8.5级以上地震，我国占2次；全球单次死亡人数超过20万人的3次地震中，我国占2次。可以说，地震是各类自然灾害之首，而我国的地震灾害尤为严重。在与地震灾害抗争的历史过程中，人类的认识不断提高，应对地震灾害的能力也在不断提升。概括地说，做好地震灾害预防工作，应根据"准备搞充分、公众搞明白、地下搞清楚和地上搞结实"的防御原则，做好工程性防御和非工程性防御两方面的工作。

一、工程性防御

　　工程性防御措施是针对房屋和建设工程采取的预防地震灾害的措施，具体地说，就是"把地下搞清楚，把地上搞结实"。

（一）地下搞清楚

"把地下搞清楚"是地震灾害防御的基础性工作。目前采取的重要工作之一是编制地震区划图。运用地震工程学、地震学、地震地质学等领域的理论和方法，通过探明地下结构，研究岩层结构、断裂分布和断层活动性，分析当地的地震环境和可能遭受的地震危险性，并充分考虑一般建设工程的特性和可接受的风险水平、社会经济承受能力及所要达到的安全目标等因素，综合分析后得出未来当地可能遭受的地震危险程度，把国土划分成不同危险性等级的区域，并且描绘在地图上，形成地震区划图。地震区划图是一般建设工程必须达到的抗震设防要求，是重大建设工程规划和选址的依据，也是编制社会经济发展规划和国土利用规划等工作的基础。对于一般工业与民用建筑工程，可以按照地震区划图给出的数值进行抗震设计和施工。

我国先后于 1956 年、1977 年、1990 年和 2001 年共四次编制了全国地震区划图。前三代的地震区划图是以烈度为指标划分地震危险性等级的，叫作《中国地震烈度区划图》，在地震区划图上标示的烈度值称为基本烈度，它表示所在区域的地震危险性程度，也就是当地普通建筑的抗震设防要求。例如，通常说的"北京的房子可以抗御Ⅷ度地震"，这句话包含了两个方面的基本内涵：第一，北京的房子在设计施工的时候，必须以Ⅷ度作为最低的抗震设防要求，这是国家以地震区划图的方式作出的强制性规定；第二，在北京地区遭受地震破坏程度低于Ⅷ度的时候（大致相当于在北京城区发生小于6级的浅源地震），这些房子将安然无恙，或者只有轻微的破坏。地震区划图给出的地震危险性等级，不属于地震预测预报的范畴，它是基于潜在的地震可能发生的概率和造成的影响程度，综合考虑建筑物安全性和建造成本经济性，科学合理地确定出来的。地震区划图上标示的烈度，并不是当今以后该地区所有地震影响的最高烈度值。基于地震安全和合理的建造成本综合确定的基本烈度，是一般工业与民用建筑抗震设防的基本依据。地震区划图编制的基本理念为"大震不倒，中震可修，小震不坏"，也就是说，按照基本烈度进行设防的建筑，当遭受到的地震影响程度大于基本烈度时，基本上不应倒塌；当遭受到的地震影响程度与基本烈度相当时，建筑物的损坏经维修后不影响再使用；当遭受到的地震影响程度小于基本烈度时，建筑物不应受损，或者损坏非常轻微。

第四代地震区划图于 2001 年以强制性国家标准的方式发布，标准编号和名称分别为 GB18306—2001《中国地震动参数区划图》。此次编制的地震区划图采用了地震动参数作为划分地震危险性等级的指标，地震动参数比地震烈度能够更好地反映地震风险水准，也更便于抗震设计验算。编图过程应用了国际上最新的区划图理论和编图技术，收集了更加丰富的地震地质资料。按照一定时间间隔修编地震区划图，是为了把地震工程学的最新研究成果应用于抗震设计，使工程抗震设计及时反映地震风险水准的调整和抗震设防要求的变化。目前，新一代《中国地震动参数区划图》（GB18306—2015），也就是我国第五代地震区划图已经由国家质量监督检验检疫总局和国家标准化管理委员会联合发布，于 2016 年 6 月 1 日正式实施。它以第四代地震区划图为基础，依然采用地震动参数指标。编图工作充分吸收了近年来国内外的最新理论研究成果、新发现的历史地震信息、新近发生的地震资料、新发现的具有发震能力的活动断层等（见图5.1）。

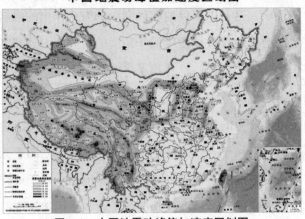

图 5.1　中国地震动峰值加速度区划图

　　"把地下搞清楚"的另外一项重要工作是地震活动断层探查。1971 年美国圣费尔南多地震、1994 年美国北岭地震和 1996 年日本阪神地震后，人们意识到活动断层、地形地貌对地震灾害有非常大的影响。在活动断层普遍发育、新构造运动强烈的地区，大地震将会使该区岩层断裂、错动；在岩石破碎、地形陡峭的崖坎或岸边，容易引起地震崩塌；在土质松软、地下水丰富，且有一定坡度的山区或丘陵，地震时容易出现滑坡或坍塌。另外，在活动断层的两端、两条活动断层交叉之处以及活动断层中某些特殊构造部位，往往容易再次发生破坏性地震。查明活动断层的分布并鉴别它们的发震危险性，是判定地震潜在危险地点（段）的一种主要方法。

　　地震活动断层探查结果对于国土利用、城乡规划建设和工程选址具有重要的指导作用。目前，我国各省会城市和主要的大中型城市都已经完成或正在开展地震活动断层探查。对于已经查明的地震活动断层，在工程建设选址时就能合理避让；在城市规划时，就能精确合理地对待不同区位的土地。例如，一些城市根据探查结果，将活动断层穿过的区域设置为城市绿地或者公园的做法，可避免活动断层的错动对跨断层地面建筑物的直接毁坏，切实保障人民生命和财产安全，不失为有效减轻可能遭遇到的地震灾害的措施。

　　场地条件对于建设工程抗震设防至关重要，因此工程选址是工程建设过程的一个重要环节。对于一般工业与民用建筑，合理避开地震活动断层，并按照地震区划图规定的基本抗震要求进行设计和施工，就可以实现抗震设防的最低目标。但是，对于重大工程和可能产生严重次生灾害的建设工程，如大型桥梁、水坝、核电站等，则必须精心选择工程场址，开展专门的工程场地地震安全性评价工作，确定抗震设防要求，进行抗震设防。我国先后对千余项国家重大建设工程开展了地震安全性评价工作。比如，青藏铁路在选线、勘察、设计等环节充分利用了地震安全性评价结果，2001 年，铁路建设期间，昆仑山口西发生 8.1 级特大地震，破裂带与铁路线相交位置的地表位错量约 4 m，但铁路路基受损不大，隧道基本完好，这是因为地震安全性评价准确给出了活动断层位置及其可能发生错动的规模，而工程设计和施工就是照此结果进行的。

（二）地上搞结实

"把地上搞结实"是防御与减轻地震灾害的最关键环节。通俗地说，就是把房子盖得足够结实，把桥梁、水坝等各种建设工程建得足够坚固，当地震来袭时不被破坏或者受影响程度很轻，从而达到减少人员伤亡和财产损失的目的。建设工程抵御地震破坏的能力与工程选址、抗震设计、施工质量等环节息息相关。应该强调的是，"把地下搞清楚"是"把地上搞结实"的基础，因为只有清楚掌握当地的地震危险性，才能有针对性地进行建设工程的抗震设防，在既经济合理又科学有效的原则下，提高房屋和其他各种建设工程抵御地震破坏的能力。

俗话说"地震震不死人，是房子塌了压死人"，因此对于房屋而言，设防与不设防不一样，防得好与不好不一样。国内外地震实例表明，按照规定要求进行抗震设计和施工的房屋，都能有效抗御地震的袭击。在 2008 年汶川地震中，都江堰市虽然离震中很近，但是经过抗震设防的建筑物倒塌的却很少，就是在极震区的汶川、北川、青川等地，经过良好抗震设计和施工的房屋仍大多基本完好，经过抗震加固的房屋也表现良好，这些房子震后依然屹立不倒，有效地保护了居住者的生命安全。但是，对于不设防的房屋，在地震中的表现则截然相反。例如，1990 年 2 月 10 日在江苏省常熟市和太仓县交界处发生 5.1 级地震，造成了大量民房被破坏；2005 年 11 月 26 日在江西省九江县与瑞昌市交界处发生 5.7 级地震，大量建筑破坏严重，民房倒塌众多。其原因就是有不少民房属居民自建，没有进行抗震设防，抗震性能低。地震灾害的惨痛教训让人们深刻地认识到，把房子盖得结实远比盖得漂亮和盖得高大更加重要。所以，居民房屋在抗震设防的前提下须重视以下三个方面的工作。

1. 抗震构造措施

抗震构造措施是在抗震结构体系和构件的细部设计中，不经计算而采用的抗震措施。有关抗震构造措施的规定是世界各国抗震设计规范的共同内容，这些规定涉及构件的连接方式以及抗震支撑、钢筋、圈梁、构造柱和芯柱的设置等，如图 5.2 所示的圈梁和构造柱的布置形式可加强房屋的整体性和提高变形能力，在砌体房屋中设置的水平约束构件，是经实践考验有效的砌体结构房屋的抗震构造措施。圈梁作为楼屋盖的边缘约束构件，可限制装配式楼屋盖的移位，防止预制楼板散开坍落；可提高楼屋盖的水平刚度，更有效地传递并分配层间地震剪力。圈梁与构造柱一起约束墙体，可限制墙体裂缝的开展和延伸，使墙体裂缝仅发生于局部墙段，并防止开裂墙体的倒塌，基础圈梁还可以减轻地震时地基不均匀沉陷与地表裂缝对房屋的影响。

图 5.2　玉树地震大同村地震废墟

2. 规则的房屋建筑

抗震结构的规则性是抗震结构平立面简单、对称、规整，质量、刚度、强度分布均匀的性质。不满足规则性要求的建筑结构，在地震作用下将产生应力、变形相对集中的薄弱部位,可能导致结构整体破坏;不规则建筑结构在地震作用下还将发生不可忽视的附加扭转作用效应,降低结构构件和体系的抗震可靠度。抗震结构应尽量满足规则性要求。

3. 采用隔震装置的建筑物

隔震装置多为隔震支座。例如,基底隔震房屋在结构首层与基础之间设置隔震支座(图 5.3)。隔震支座沿水平面分割并连接结构,形成隔震层。隔震层除包含隔震支座外,一般还设置阻尼器、抗风装置及限位装置。阻尼器旨在增加耗能;抗风装置可防止风和微弱地震作用下的结构振动,保障使用功能;限位装置可防止大震作用下隔震支座因变位过大发生损坏。这些装置可以单独设置,亦可与隔震支座组成一体。隔震体系的工程应用大多限于减少结构体系的水平地震反应。

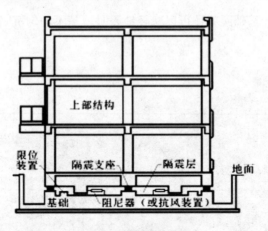

图 5.3 基底隔震建筑

长期以来,我国广大农村居民自建房屋普遍忽视抗震设防,留下了严重的地震安全隐患,在历次地震中都遭受了重大损失。自 2004 年开始,新疆、河南等地相继开展了农村民居地震安全工程试点,通过培训、指导和技术示范,引导建房者选择抗震能力强的结构类型,合理选择场地,避开不利的地形、地貌以及地震时易产生砂土液化和软土震陷等不安全场地,恰当处理地基，正确选择使用建材，规范施工等。2006 年，国务院在新疆召开了全国农村民居防震保安工作会议，推进全国实施农村民居地震安全工程试点、示范。在全国各地推进了一大批农村地震安全民居，极大地改变了农村民居不设防的局面，这些抗震民居经受住了地震的考验，有效地减轻了人员伤亡和财产损失，获得显著成效。比如，在 2008 年汶川地震中，四川省什邡市师古镇农村民居 80% 损坏，而该镇宏达新村地震安全农居 100% 完好；甘肃省文县临江镇东风新村、陇南市武都区外纳乡李亭村和桔柑乡稻畦村的地震烈度达到Ⅷ度，但是由于实施了地震安全农居工程，所有农居安然无恙；2011 年 1 月 1 日新疆乌恰县发生 5.1 级地震，所有地震安全民居无一受损，灾害损失甚微，震后社会秩序井然，生活、生产几乎不受影响。自推进农村民居地震安全工程以来，极大地改变了广大农村不设防的局面，所有试点示范工程基本实现了 6 级以下地震零死亡。

2008 年汶川地震后，国家加大了对城镇旧房屋以及学校、医院等人口密集场所各类建筑的抗震加固力度。特别是 2009 年国务院启动了全国中小学校舍安全工程，计划用三年左右时间，对地震重点监视防御区、Ⅶ度以上地震高烈度区、洪涝灾害易发地区、山体滑坡和泥石流等地质灾害易发地区的各级各类城乡中小学存在安全隐患的校舍进行抗震加固、迁移避险，提高综合防灾能力，使学校校舍达到重点设防类抗震设防标准，并符合其他防灾避险安全要求；其他地区按抗震加固、综合防灾要求，集中重建整体出现险情的危房，改造加固局部出现险情的校舍，消除安全隐患。把学校建成最安全、家长最放心的场所（见图 5.4）。

震害防御工作涉及全社会的方方面面，与每一位城乡居民的切身利益密切相关，广大民众既是防震减灾成果的受益者，又是防震减灾活动的参与者。随着经济社会发展和人民群众生活水平的提高，大家更加关注地震安全，更加主动地接受防震减灾科普教育，积极参与政府和有关部门、社会组织开展的各类防震减灾活动，全社会的防震减灾意识和能力不断提高。

图 5.4 新建北川县城

二、非工程性防御

非工程性防御是指各级人民政府及其有关部门或者机构和社会公众依法开展的各项减灾活动，这些活动皆在提高抗御地震灾害的能力，增强社会的防震减灾意识，包括建立健全防震减灾工作体系，编制防震减灾规划，开展防震减灾知识宣传，抗震救灾资金和物资的适当储备，以及地震灾害保险等。

（一）监测

监测就是监视成灾预兆，测量变异参数，及灾后对灾情进行监视和评估等。对自然灾害的监测是减灾的先导性措施，通过对自然灾害的监测提供数据和信息，从而进行预警和预报。灾害监测的作用和任务是相当明确的，也是抗灾、减灾工作所必不可少的一个重要环节。近几十年来，我国已建成包括地震灾害在内的七大类自然灾害的单项监测网络，这些监测网一般由国家综合台站、区域监测台站和各地方台站等几级组成。目前的监测系统网主要处于单项发展、以通信手段为主的现状。各监测系统的发展极为不平衡，这在一定程度上影响了灾害监测工作的进一步发展。由于各种自然灾害之间有着有机的联系，今后的灾害监测系统的建设应该是在继续完善各单类监测系统的基础上，逐步向全国性的综合监测网方向发展。

（二）预报

预报分为长期、中期和短期预报及临震预报，它是减灾工作的前期准备和各级减灾行动的科学依据。对预报工作，目前主要是强调灾害的群发性及链发性，突出研究灾害的综合特点。在对综合自然系统的变异进行深入研究的基础上，加强对各类单项自然灾害的预报工作并逐步向系统性、综合性的预报方向发展。在我国，虽然各单项灾害预报都有一定的经验和理论基础，但总的预报水平却极不均衡。例如，地震灾害的预报成功率仅为百分之几，而在短期天气预报方面则可达 70% 以上。为了提高对自然灾害的监测、预报能力，不仅要改进数据分析方法，还要大力引进先进的监测预报系统及手段。

（三）评估

对灾害的评估是指在灾害发生的全过程中，对灾害的自然特点及其对社会的损害程度作出的估计和判断。具体地说，评估又可分为：灾前预评估、灾时跟踪评估和灾后灾情评估。对灾害进行评估是衡量减灾效益的主要手段。灾前评估的正确与否，对于研究灾害来临时的防范措施、抗灾救灾对策是必不可少的；灾时及时准确的评估，是现场领导进行抗灾决策的主要依据之一（如炸坝、移民、疏散等工作均需以灾时评估作为依据）；灾后灾情评估，对于救灾工作的开展，对于救灾人力、物力的筹集与调动也是必不可少的。灾害评估工作的重要性使得我们不得不下大力气去研究它的工作方法及各种实际问题和理论问题。目前，我国在灾害评估方面尚缺乏一个科学的数据系统，尤其缺乏全国统一的评估标准和方法。

（四）防灾

这里所说的防灾是指减灾的非工程性措施，比如人员和可动产的减灾措施与灾时行动计划等。具体来说，如大工厂的计算机系统、生产自动化流水线，国家文物的防灾措施等，均属于防灾的范畴。在灾害预报和预警的前提下，灾害发生之前有效地转移和保护各种可动产及人员，也是防灾的一项重要措施。我国是一个灾情较为严重的国家，每年因此而造成了巨大的经济损失，影响了经济持续高速地发展。所以，使各级政府和全国人民认识到这一点，动员全社会来关心和参与减灾活动，积极行动起来，在平时做好防灾准备工作，这样，一旦灾害来临，就会有所防范，进而减少财产损失。

（五）救灾

救灾是指灾害发生时，对人民生命财产的急救，对次生灾情的抢险。救灾是一项极为复杂的、社会性的、半军事化的紧急行为。从抢救到医学，从生活秩序到社会秩序，从技术到工程，从决策到指挥，组成了一个完整的救灾系统。根据灾害预测预报意见和灾害区划，需要有组织地采取针对性的综合措施，最大限度地减少灾害损失，以利于灾后重建工作的顺利开展。目前，主要应加强研究救灾的技术手段，增加救灾设备，建立应急性的通信网络系统和交通运输系统。

（六）灾后安置与重建

每当大灾发生后，尽快安置灾民并解决他们的生活困难就成为一个最为紧要的社会问题。由于我国经济发展还较为落后，各种医疗、住房体制尚未完善，因而缺乏这方面的综合管理体制。为了防患于未然，我国正在逐渐加大力度，组织力量进行各种类型城市、工矿企业减灾预演工作，目的是为了在灾害来临时，妥善做好各种救灾工作，特别是灾民的生活安置工作。灾后重建，包括迅速恢复社会生活秩序和经济生产；重建家园，这是减灾工作最具体的表现。一次大灾过后，各种建筑设施的破坏、工矿企业的停产、金融贸易的停滞、家庭结构的破坏等，都会引起巨大的衍生损失。因此，为了尽快安置灾民、恢复生产，就必须强调灾后重建工作的极端重要性。

（七）教育与立法

教育是一个国家的立国之本，是各项工作的基础，同样也是提高人民防灾减灾意识和能力，进而减轻自然灾害损失的重要手段。对居民的国情教育也应包含灾情教育。防灾减灾的常识教育，要从青少年做起，使他们平时就有防灾意识。

灾害立法是最终保障防灾减灾体制顺利建立和发展的根本出路。为了保证各项减灾措施的实施，控制人类盲目的开发和非科学性的活动，惩治破坏减灾工程和减灾工作的行为，必须制定法规，依法减灾。制定减灾各个环节的法规，进行全民族减灾法制教育，建立减灾立法的执行与监督机构，是需要立即开展的工作。只有颁布有关法律、法规，才能从根本上建立起全国统一的防灾体制，明确各级政府的职责，使人们在减灾活动中有法可依、依法行事。

（八）保险与基金

抗灾、救灾，安置灾民，重建生产，需要大量的资金和人力物力。在我国目前经济尚不发达的情况下，适当应用保险与基金的策略无疑是一条可行之路。这样，就可以动员全社会力量，集中一切可以集中的人力物力投入抗灾、救灾的工作中。以往的实践证明，保险工作在重建灾区、安置灾民生活中发挥了巨大的作用，大量保险款项的投入，极大地加速了灾区的经济重建。目前，我国的灾害保险业务尚处于摸索阶段，但国内外已有的事实已经说明它是救灾工作中的一项重要措施。基金是指政府和社会筹集的专门用于灾后灾民生活救济的款项。国际经验表明，专项救灾基金的发放，对于灾区重建，人民生活安置所起的作用绝不亚于保险。因而，随着经济的发展，国家和社会团体及个人收入的增加，适时增设抗灾、救灾基金是十分必要的。

（九）规划与指挥

减灾工作应作为经济建设的一项重要措施，纳入国民经济和社会发展的总体规划。保持经济的正向发展和减少负向效应，是国民经济建设的一个重要方面，是缺一不可的。自然灾害的发生，既有自然因素，也有人为因素。减轻自然灾害的主要手段，是在顺乎自然规律的前提下，发挥人类的作用，运用技术、经济、法律、行政、教育等手段削弱、消灭或回避灾害源，削弱、限制或输导灾害体，保护或转移受灾载体。这些目标的实现，需要全社会协调行动，需要由某些行政部门进行科学规划与管理。为了有效地调动全社会力量进行减灾活动，中央及地方政府应建立健全减灾组织，建立减轻自然灾害的指挥决策系统，加强灾情联防、联抗工作。

重大灾害的预防和进入抗灾、救灾阶段都要有一个统一协调、强有力的指挥系统，它也是单项和综合减灾预案的平时与灾时的执行系统，其关键意义是显而易见的。

第六章 震灾应急救援

一、应急预案

（一）什么是应急预案

1.应急预案的基本概念

应急预案是针对具体设备、设施、场所和环境，在安全评价的基础上，为降低事故造成的人身、财产与环境损失，就事故发生后的应急救援机构和人员，应急救援的设备、设施、条件和环境，行动的步骤和纲领，控制事故发展的方法和程序等，预先作出的科学而有效的计划和安排。

应急预案实际上是标准化的反映程序，以使应急救援活动能迅速、有序地按照计划和最有效的步骤来进行。它有以下6个方面的含义：

（1）事故预防

通过危险辨识、事故后果分析，采用技术和管理手段控制危险源、降低事故发生的可能性。

（2）应急响应

发生事故后，明确分级响应的原则、主体和程序。重点要明确政府、有关部门指挥协调、紧急处置的程序和内容；明确应急指挥机构的响应程序和内容，以及有关组织应急救援的责任；明确协调指挥和紧急处置的原则及信息发布责任部门。

（3）应急保障

应急保障是指为保障应急处置的顺利进行而采取的各种保障措施。一般按功能分为人力、财力、物资、交通运输、医疗卫生、治安维护、人员防护、通信与信息、公共设施、社会沟通、技术支持以及其他保障。

（4）应急处置

一旦发生事故，具有应急处理程序和方法，能快速反应，处理故障或将事故消除在萌芽状态的前期阶段，使可能发生的事故控制在局部，防止事故的扩大和蔓延。

（5）抢险救援

采用预定的现场抢险和抢救方式，在突发事件中实施迅速、有效的救援，指导群众防护，组织群众撤离，减少人员伤亡，拯救人员的生命和财产。

（6）后期处置

后期处置是指突发公共事件的危害和影响得到基本控制后，为使生产、工作、生活、社会秩序和生态环境恢复正常状态所采取的一系列行动。

2. 应急预案的基本要素

一项完整的应急预案应该包括以下基本要素：

（1）组织机构及其职责

应急反应组织机构、参加单位、人员及其作用；应急反应总负责人，以及每一具体行动的负责人；本区域以外能提供救援的有关机构；政府和企业各自在事故应急中的职责。

（2）危害辨识与风险评价

可能发生的事故类型、地点；事故影响范围及可能影响的人数；按所需应急反应的级别，划分事故严重程度。

（3）通告程序和报警系统

报警系统及程序；现场24小时的通告、报警方式（如电话、报警器等）；24小时与政府主管部门的通信、联络方式（便于应急指挥和疏散居民）；相互认可的通告、报警形式和内容；应急反应人员向外求援的方式；向公众报警的标准、方式、信号等。

（4）应急设备与设施

可用于应急救援的设备，如办公室、通信设备、应急物资等；有关部门，如企业、武警、消防、卫生、防疫等部门可能配备的应急设备；与有关医疗机构（急救站、医院、救护队等）的关系；可用的危险检测设备、个体防护设备（如呼吸器、防护服等）。

（5）能力与资源

决定各项应急事件的危险度的负责人；评价危险程度的程序；评估小组的能力；评价危险所使用的检测设备；外援的专业人员。

（6）保护措施程序

可授权发布疏散居民指令的负责人；决定是否采取保护措施的程序；负责执行和核实疏散居民（包括通告、运输、交通管制、警戒）的机构；针对特殊设施和人群（学校、幼儿园、残疾人等）的安全保护措施；疏散居民的接收中心或避难场所；决定终止保护措施的方法。

（7）信息发布与公众教育

各应急小组在应急过程中应对媒体和公众的发言人；向媒体和公众发布应急信息的决定方法；为确保公众了解如何面对应急情况所采取的周期性宣传以及提高安全意识的措施。

（8）事故后的恢复程序

决定终止应急、恢复正常秩序的负责人；确保不会发生未授权而进入事故现场的情况的措施；宣布应急取消、恢复正常程序的程序；连续监测受影响区域的方法；调查、记录、评估应急反应的方法。

（9）培训与演练

对应急人员进行培训，确保合格者上岗；年度培训、演练计划；对应急预案的定期检查；通信系统监测的频度和程度；进行公众通告测试的频度和程度及效果评价；对现场应急人员进行培训和更新安全宣传材料的频度与程度。

（10）应急预案的维护

每项计划更新、维护的负责人；每年更新和修订应急预案的方法；根据演练、检测结果完善应急计划。

3. 应急预案的类型

应急预案的类型有以下 4 类：

（1）应急行动指南或检查表

针对已辨识的危险制定应采取的特定的应急行动预案。指南简要描述应急行动必须遵从的基本程序，如发生情况向谁报告、报告什么信息、采取哪些应急措施。这种应急预案主要起提示作用，要对相关人员进行培训，有时用作其他类型应急预案的补充。

（2）应急响应预案

针对现场每项设施和场所可能发生的事故情况编制的应急响应预案。应急响应预案要包括所有可能的危险情况，明确有关人员在紧急情况下的职责。这类预案仅说明处理紧急事务的必须的行动，不包括事前要求（如培训、演练等）和事后措施。

（3）互助应急预案

相邻企业为在事故应急处理中共享资源，相互协助实施制定的应急预案。这类预案适合于资源有限的中、小企业，以及高风险的大企业，需要高效的协调管理。

（4）应急管理预案

应急管理预案是综合性的事故应急预案，这类预案详细描述事故前、事故过程中和事故后何人做何事、什么时候做、如何做。这类预案要明确制定每一项职责的具体实施程序。应急管理预案包括事故应急的4个逻辑步骤：预防、预备、响应、恢复。

应急预案还可以分为企业预案和政府预案，企业预案由企业根据自身情况制定，由企业负责；政府预案由政府组织制定，由相应级别的政府负责。另外，根据事故影响范围不同可以以将预案分为现场预案和场外预案，现场预案又可以分为不同等级，如车间级、工厂级等；而场外预案按事故影响范围的不同，又可以分为区县级、地市级、省级、区域级和国家级。应急预案还可以按照行业来分，比如信息安全应急预案就是有效应对信息安全突发事件的关键。

（二）应急预案的重要性

应急预案在应急系统中起着关键作用，它明确了在突发事故发生之前、发生过程中以及刚刚结束时，谁负责做什么、何时做，以及相应的策略和资源准备等。它是针对可能发生的重大事故及其影响和后果的严重程度，为应急准备和应急响应的各个方面所预先做出的详细安排，是开展及时、有序和有效事故应急救援工作的行动指南。

应急预案在应急救援中的重要作用：

第一，应急预案明确了应急救援的范围和体系，使应急准备和应急管理不再无据可依、无章可循，尤其是培训和演习工作的展开。

第二，制定应急预案有利于做出及时的应急响应，降低事故的危害程度。

第三，应急预案成为各类突发重大事故的应急基础。通过编制基本应急预案，可保证应急预案足够灵活，对那些事先无法预料到的突发事件或事故，也可以起到基本的应急指导作用，成为开展应急救援的"底线"。在此基础上，可以针对特定危害编制专项应急预案，有针对性地制定应急措施、进行专项应急准备和演习。

第四，当发生超过应急能力的重大事故时，便于与上级应急部门协调。

第五，有利于提高风险防范意识。

二、现场应急救援

（一）现场救援主要内容

1. 现场评估

评估必须迅速，尽快判断突发事件的类型、原因和影响范围，确定事件发生的时间、位置，评估事件造成的伤亡损失和伤害，以及其他相关信息。同时，评估现场是否面临其他危险（火、气、毒、水、泥石流、爆炸等），并做好情况记录。

2. 信息沟通

把现场评估记录和现场收集的有关突发事件、受困人员的信息，向上级部门或其他专业救援机构通报，根据现场情况及时报警、发布预警或求助信息。

3. 现场协调

应急救援者队伍要加强与现场专业救援队伍的协调，接受现场指挥部的统一指挥。与其他救援组织或者队伍（救援队、军队、武警部队等）建立联系，相互介绍各自的情况，协调现场资源（道路、电力、照明、有线电话、网络、水源等）的共享或分配，主动配合军队和救援队的工作，在救援的技术力量、救援工具、救援经验等方面，互通有无、优势互补。

4. 现场控制

快速、有效地疏散撤离并妥善安置群众和伤员。劝阻盲目救助，遇亲属情绪过于激动失控时，可从现场人员中选出较有号召力的人员担任救援者，协助维护现场秩序。迅速控制危险源，标明危险区域，封锁危险现场，划定警戒区，及时采取断电、断气、断火等必要措施，防止有毒气体、放射性物质的扩散污染，以及火灾、爆炸等次生灾害的发生，尽可能地降低灾害事故所造成的危害。

5. 医疗救护

急救顺序。先救命后治伤（或病）、先治重伤后轻伤、先排险情后施救助、先易后难、先救活人后处置尸体。对生存希望不大的濒死者，应以具体情况而定，如当时医疗条件允许，也应全力抢救，但大批伤员出现时，绝不应将现有的医疗力量花费在已无生存希望的濒死者身上，而放弃经现场急救就能存活的伤病员。

对症处理和救命为主，充分发挥现场急救五大技术（通气、止血、包扎、固定和搬运）和其他急救技术，以保持伤员基本生命体征。

迅速及时，力争早医、快送，创伤急救应强调"黄金1小时"，对大出血、严重创伤、窒息、严重中毒者等，争取在1小时内在医疗监护下直接送至附近医院手术室或高压氧舱，并强调在12小时内必须得到清创处理。

（1）搜索

通过现场询问、调查等方法，了解现场的基本情况，尔后采用人工搜索、搜救犬搜索、仪器搜索等方法，确认是否有生存人员及其准确位置。

在人工搜索时，要采取喊、敲、听的方法；在仪器搜索时，主要利用音频、视频和雷达生命探测仪等设备进行搜索；搜救犬搜索，通常是与以上两种搜索手段配合使用的。

（2）营救

当确认被困人员位置后，利用救援专业设备和救援器材，采取剪切、顶撑、凿破等方法，开辟通道，抵达被困人员所在位置，必要时可扩大施救空间，以保证救援人员的进入和装备器材的使用。针对不同的建筑物和构件，在进行破拆作业时，通常使用无齿锯、液压钳等；在进行顶撑作业时，通常使用气垫、扩张器、千斤顶、顶杆等；在对墙体、构件进行凿破作业时，通常使用凿岩机、手动凿破工具组等。

①要准确判断被困人员的位置，根据建筑物倒塌的特点进行综合分析，判断他们被埋的位置；

②要通过人工喊话、敲击，听听有无被埋者的回应；

③根据被埋者家属、同事或者邻居的线索寻找；

④用机械在周围扒挖，要力求分清支撑物和埋压物，尽量保护支撑物；

⑤尽早让封闭空间与外界沟通，以便新鲜空气进入；

⑥接近被埋者的时候要谨慎使用机械和尖锐的工具，以免对被埋者造成二次伤害；

⑦先救近处的人，先救容易救的人；

⑧先将被埋者的头部暴露，清除其口鼻中的异物；

⑨扒挖其他部位，要在被困人员全身暴露出来之后再抬出来，不可强拉硬拽。

（3）转移（撤离）

转移是完成救援任务后离开原工作区到另一工作区工作。撤离指完成救援任务后离开灾害现场返回。转移（撤离）的依据（具备下述要件之一）如下：

① 救援工作区内的被困人员和遇难者已经全部找到，其中被困人员已经救出并转移给现场医疗队，经过精细搜索，未发现有遇难者。救援队请求转移（撤离）。

② 救援责任区内的被困人员和遇难者尚未全部找到，但接受现场指挥部命令转移至新的救援责任区，原责任区的搜索与营救任务移交给其他营救队或救援单位。救援队奉命转移（撤离）。

③ 搜索与营救行动已持续较长时间，尚有遇难者被压埋且生还的可能性很小，继续搜索收效甚微，现场指挥部已批准开始使用重型机械清理废墟。

（二）搜索技术

搜索是救援工作最重要的内容，是保证救援工作成功的关键。搜索也是救援工作中最困难的部分，既需要丰富的实践经验和技巧，也需要现代化的高科技装备帮助定位。搜索定位是指在灾害现场，通过寻访、呼叫、仪器侦测或搜救犬，确定被困在自然空间或缝隙中的幸存者的位置。搜索定位是救援工作的重要组成部分，救援搜索人员应当明确搜索的目的、掌握如何给建筑物做标记、寻找幸存者并与之取得联系，以及确定幸存者位置的方法。比较好的搜索方法有：人工搜索、搜救犬搜索、仪器搜索。

1. 人工搜索

人工搜索要根据建筑物倒塌情况进行综合分析，可一个房间一个房间、一个空间一个空间地搜索，也可采用拉网式搜索，通过对幸存者家属或已救出幸存者进行询问，对所有易于接近或就在表面的幸存者进行快速搜索，可直接救出的立即救出；对需移开瓦砾构件的要做好标记，并报告队长处理。人工搜索基本方法：直接搜索幸存者，呼叫搜索幸存者，倾听幸存者的回信，网格式详细搜索幸存者，人工搜索的主要局限是救援人员工作时，距潜在危险太近，并且无法进入建筑物的所有空间。在实施人工搜索之前，最好的办法是向对倒塌建筑知情的人员进行询问。人工搜索的程序是：组织救援人员在场地四周搜索，营救人员寻找表面可见的幸存者并通过喊话与他们取得联系，将这些幸存者救出并转移到安全的地方。这种搜索方法的前提是幸存者能听到呼叫，并能作出回应，当幸存者处于昏迷状态或严重受伤时，这种方法将不起作用。

2. 搜救犬

搜救犬是传统的专业搜索工具之一，是完成搜索工作非常有效的方法，有条件的城市社区地震应急救援队可考虑尝试培养自己的搜救犬。搜救犬工作程序一般包括确定搜索范围、初期表面搜索、进一步细致搜索三部分。在重型破拆装备到达并转移瓦砾前，搜救犬可以用于废墟的搜索，以确定幸存者或遇难者的位置并将其救出或移出。搜救犬的优点有：能在短时间内进行大面积搜索，适合于危险环境，犬的体型和重量更适合于狭小空间的搜索；有些搜救犬具有区分幸存者和遇难者的能力，可节省时间，搜救犬可以与热红外线和光学等搜索仪器配合使用。搜救犬的缺点：工作时间比较短，至少需要2条搜救犬对搜索区进行相互验证；搜救的效果取决于训导员和搜救犬的能力，当受到气温、风力等情况影响时，搜救犬的工作能力降低。

3. 仪器搜索

仪器搜索需要特殊的设备和受过训练的操作人员。仪器搜索使用的装备有多种类型，应当将多种设备结合起来使用，以提高搜索的效能。搜索仪器通常与定位仪器联合使用，已取得比较好的效果，主要的搜索和定位设备有光纤或其他小型摄像机，这种仪器可以通过狭小的空隙或由营救人员打出的小洞，置入营救人员难以到达的地方，以确定幸存者的位置。红外热成像设备在给倒塌建筑内幸存者定位方面能起到一定的作用，但热敏感设备不能区分是幸存者还是其他发热物体，因此要通过其他搜索设备进一步判断。当然，没有一种方法和设备是万能的，最好的搜索需综合运用所有可利用的搜索手段。

（三）营救技术

在搜索队员完成对被压埋幸存者的搜索与定位后，现场营救队将运用一系列安全、有效的技术方法和必要的装备将幸存者安全地解救出来。在救援行动中，营救工作是救援队所有工作中最艰苦、危险性最高、技术难度最大的一项工作，因此，熟悉一定的救援技术对应急救援者来说至关重要。

1. 支撑技术

在进行搜索和救援工作时，为了减少受害者和救援队员的危险，要对那些局部受到破坏或倒塌的结构做临时的支撑。支撑技术就是把一些原木或支柱竖起来以加固门窗、墙或楼板，其目的是防止已遭破坏的、不稳定的建筑物进一步倒塌，避免危及救援人员的安全。救援支撑是一个临时的措施，为暴露在结构坍塌危险中的救援人员提供一定程度的安全保障。支撑方法可以用于倒塌建筑外部，也可以在其内部，其中常用的支撑形式有：垂直支撑、门窗支撑、斜撑（俗称"牛腿"）、悬空斜撑、多支柱斜撑、分离支柱斜撑、斜对角支撑、横向撑、T型支撑、三维空间支撑、水平支撑、墙角支撑、临时支撑等。

2. 破拆技术

破拆技术是指对创建营救通道过程中遇到的不能移动的建筑废墟构件，或压在幸存者身上的构件进行安全有效的切割、钻凿、扩张、剪断等方法。破拆的对象通常为倒塌废墟中的墙体、楼板、门窗等，其主要材料包括木材、金属、砖、混凝土等。破拆操作类型：根据破拆对象材质的不同，破拆操作可分为金属、木材、混凝土或砖墙、钢盘加固混凝土破拆4种类型。破拆操作的注意事项：为正确选择破拆工具，必须对该工具的性能和局限性有详细的了解，同时必须在这些工具的实际性能的允许范围内使用；

当切穿墙壁或者地板时，要时刻注意避免对被救者造成二次伤害；破拆操作前，必须仔细观察破拆对象的状况，并预估可能产生的后果或其他意外情况；破拆操作过程中，操作人员和监控人员均应时刻注意可疑的声响或构件掉落情况，要避免对废墟承重结构的破拆，否则极易破坏残存结构的整体性和稳定性（见图 6.1）。

图 6.1　救援队进行破拆演练

3. 顶撑技术

顶撑技术是指对创建营救通道过程中遇到的可移动（或部分移动）的强度高但重量大（或上覆物较多）的废墟构件，需要对其采取垂直、水平或其他方向的顶撑与扩张方法。同破拆技术一样，顶撑操作也是以创建通道口、消除营救通道阻碍物并救出幸存者为目的。顶撑设备可分为液压顶撑设备和气动顶撑设备两类。顶撑的对象包括倒塌的混凝土墙体、柱、梁和层叠状的楼板等。地震废墟场地的顶撑操作有两种：单支点顶撑和多支点顶撑。顶撑操作程序：评估被顶撑物的组成结构及稳定性，进行顶撑计算分析；根据任务需求，确定顶撑类型、顶撑方法和顶撑设备；选定顶撑支点位置，确定顶撑操作的步骤；准备顶撑设备；将顶撑工具放入顶撑支点，如空间太小，应利用开缝器进行扩展；按设计的操作步骤实施顶撑操作，并监控安全状况；达到顶撑目标位置后，利用木材或垫块等在顶撑点处对被顶撑物进行支撑；缓慢取出顶撑设备。

4. 瓦砾移出技术

瓦砾移出技术是指在创建通道的过程中移开体积较大的障碍物和清除废墟瓦砾的方法。当移动被压埋人员周围的瓦砾时，需要一定的方法技巧，并且这是一个逐步的过程，应遵循以下原则：确定建筑物的倒塌方式和评估废墟的稳定情况；移除一个废墟构件前需估算其重量，评估移开的后果并设计移除方法；首先移走小的碎块，后移走那些大块，不能移动那些被压住的或楔入的碎块；移动被压住的碎块，必须先建立支撑；避免移动承重墙体结构；不要移动那些影响废墟或者瓦堆稳定性的构件，当有疑问时，应与结构工程师进行讨论。移动瓦砾的方法主要有四种：提升并稳固重物、滚动重物、牵拉拖拽重物、利用重型起吊与挖掘设备。

（四）绳结技术

在搜救行动中，无论何时或何种环境，绳索救援都可以在人力、物力受限的条件下，快速建立救援系统，成功达到救援的目的。因此，正确地制作合适的绳结对营救受害者是至关重要的。另外，平常要注意绳索和器材的维护与保养：使用专用绳包存放绳索，保护绳子免受化学物质或脏物的侵蚀和损害；严禁在地面上拖拉绳索，踩踏绳索；如果绳子脏，清洗时使用中性的洗涤剂；不要放在太阳下暴晒；负重绳索严禁锋利边角刮割绳索，有可能导致绳索发生断裂，必须使用边缘保护措施；严禁使用不可知力和机械力拉伸绳索，避免导致绳索性能受损。

1. 单结

单结是最简单的结，当绳子穿过滑轮成洞穴时，单结可发挥绳栓的作用，在拉握绳子时，单结可以用来防止滑动，当绳端绽线时单结可以暂时地防止其继续脱线。单结的缺点是，当结打太紧或弄湿时就很难解开。以这个结作为基本，还可以变化成结形较大的多重单结、圈套结之一的活索、将绳与绳连接的固定单结、做成一个固定圆圈的环结，以及在一条绳子上连续打好几个单结的连续单结等。

　　打单结是增加缠绕次数（2～4次），打成较大的结形。为了不让结打乱，须"边打结边整理"。这种结用在绳子的手握处，或用于绳子要抛向远处时加重其力量的情况（见图6.2）。

1.

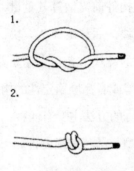

2.

3.　只要增加缠绕的次数，结形就会变得较大。

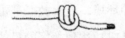

图 6.2　单结示意图

2. 活索

　　它是一种简单的圈套结。拉紧绳子的前端即可做成一个圆圈，圆圈中间没有任何东西，一拉绳子即可将结解开。

3. 双重单结

　　双重单结是可以做成一个圆圈的结，是避免所用绳子局部损坏的重要法宝。它的结法很简单，将绳子对折后打一个单结即可。这时候，如果绳环部分损坏的话，仍可安心使用绳子（见图6.3）。

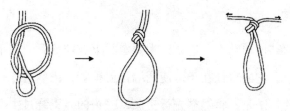

图 6.3　双重单结示意图

4.渔人结

渔人结是用于连接细绳或线的结，两条绳子各自打上一个单结，然后将其连接起来。该结打法简单，但是强度不高，不太适用于太粗的绳子或者是容易滑动的纤线等绳子，很容易解开。打法如下（见图 6.4）：

（1）将两条绳子的前端交互并列，其中一条绳子卷住另一条绳子，再打一个单结；

（2）另一边也同样打上一个结；

（3）将两条绳端用力向两边拉紧。

双渔人结是多一次缠绕后打成的结，可以增加其强度。这个结多用于连接两条绳端等情况，缺点是结形大。打法如下：

（1）将渔人结的卷绕次数多增加一次后打结；

（2）另一边也同样打结；

（3）将两条绳端用力向两边拉紧。

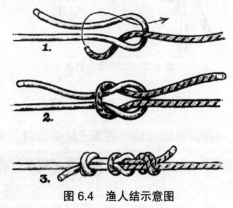

图 6.4　渔人结示意图

5.八字结

八字结的结比单结大，适合作为固定收束或拉绳索的把手。八字结的打法十分简单，它的特征在于即使两端拉得很紧，依然可以轻松解开。一般最常使用的打法是，将绳端先行交叉，一头的绳索绕过主绳，绳头穿过绳圈后拉紧完成。

双八字结的目的是做个固定的绳圈。只要将绳索对折后直接打个八字结，并且做成绳圈，便形成双重八字结。在绳索中部打个八字结，然后将绳头顺着结目从反方向穿过绳圈，同样也可以完成双重八字结，这个打法可以将绳索打在其他物品上，十分方便。由于双八字结具备耐力强、牢固等优点，在安全方面非常值得信赖，因此经常被登山人士作为救命绳结使用。不过，双八字结的绳圈大小很难调节，而且当负荷过重，结目被拉得很紧，或是绳索沾到水的时候，想要解开绳结必须花费一番功夫(见图6.5)。

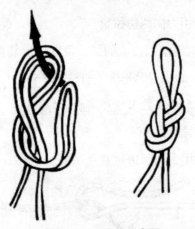

图 6.5　八字结示意图

6.接绳结

接绳结用于连接两条绳索时，可适用于材质粗细不同的绳索，安全可靠。当两条绳索粗细不一时，打结的时候先固定粗绳，再与细绳连接。打法如下（见图6.6）：

（1）将一条绳索（粗绳）的末端对折，然后把另一条绳索（细绳）从对折绳圈的下方穿过；

（2）把穿过的绳头绕对折的绳索一圈打结；

（3）握住两端绳头拉紧结目。

图 6.6　结绳结示意图

三、地震灾后过渡性安置和恢复重建

疏散安置工作要在社区基层政府或现场指挥部的统一领导下进行。选择灾民疏散场地和临时避难场所要注意尽量选择在交通便利、视野开阔、地势平坦的地区以及体育场、学校操场等，并设置伤员急救中心，尽量备好床位、医疗器械、照明设备、药品等。

（一）疏散

疏导人员到指定地点后，要用镇定的语气呼喊（有条件的使用喇叭、广播系统），劝说人们消除恐惧心理、稳定情绪，说明发生事故的部位及情况，需要疏散人员的区域，指明比较安全的区域、方向和标志，指示疏散的路线和方向，使大家能够积极配合，按指定路线有条不紊地进行疏散，防止出现拥挤、踩踏、摔倒的事故。对已被困人员，要告知他们救生器材的使用方法，以及自制救生器材的使用方法。加强脱险人员的管理，防止脱险人员因为对财产和未撤离危险区的亲人生命担心而重新返回事故现场。救援队伍到达事故现场后，疏导人员迅速报告被困人员的方位、数量以及救人的路线。

（二）安置

设置联络管理点、问询处，做好避难所的人员普查、进出记录，做好安置点的秩序维护和安保工作。在紧急事件发生时，原则上不允许居民随意进出。按人数和需要发放水、食品、棉被等物品。避难场所现场由于人员众多、秩序混乱、条件简陋，往往卫生条件差，要特别注意对食物的清洗和消毒，防止食物中毒等现象的发生。做好卫生保洁、蚊虫防治、通风换气、废物收集等工作。安置点严禁吸烟、携带武器，禁止骚乱和任何破坏行为。

关于地震灾后过渡性安置和恢复重建，《中华人民共和国防震减灾法》第六章的第五十八条至第七十四条对地震灾后过渡性安置和恢复重建有明确的规定：

第五十八条　国务院或者地震灾区的省、自治区、直辖市人民政府应当及时组织对地震灾害损失进行调查评估，为地震应急救援、灾后过渡性安置和恢复重建提供依据。

地震灾害损失调查评估的具体工作，由国务院地震工作主管部门或者地震灾区的省、自治区、直辖市人民政府负责管理地震工作的部门或者机构和财政、建设、民政等有关部门按照国务院的规定承担。

第五十九条　地震灾区受灾群众需要过渡性安置的，应当根据地震灾区的实际情况，在确保安全的前提下，采取灵活多样的方式进行安置。

第六十条　过渡性安置点应当设置在交通条件便利、方便受灾群众恢复生产和生活的区域，并避开地震活动断层和可能发生严重次生灾害的区域。

过渡性安置点的规模应当适度，并采取相应的防灾、防疫措施，配套建设必要的基础设施和公共服务设施，确保受灾群众的安全和基本生活需要。

第六十一条　实施过渡性安置应当尽量保护农用地，并避免对自然保护区、饮用水水源保护区以及生态脆弱区域造成破坏。

过渡性安置用地按照临时用地安排，可以先行使用，事后依法办理有关用地手续；到期未转为永久性用地的，应当复垦后交还原土地使用者。

第六十二条　过渡性安置点所在地的县级人民政府，应当组织有关部门加强对次生灾害、饮用水水质、食品卫生、疫情等的监测，开展流行病学调查，整治环境卫生，避免对土壤、水环境等造成污染。

过渡性安置点所在地的公安机关，应当加强治安管理，依法打击各种违法犯罪行为，维护正常的社会秩序。

第六十三条　地震灾区的县级以上地方人民政府及其有关部门和乡、镇人民政府，应当及时组织修复毁损的农业生产设施，提供农业生产技术指导，尽快恢复农业生产；优先恢复供电、供水、供气等企业的生产，并对大型骨干企业恢复生产提供支持，为全面恢复农业、工业、服务业生产经营提供条件。

第六十四条　各级人民政府应当加强对地震灾后恢复重建工作的领导、组织和协调。

县级以上人民政府有关部门应当在本级人民政府领导下，按照职责分工，密切配合，采取有效措施，共同做好地震灾后恢复重建工作。

第六十五条　国务院有关部门应当组织有关专家开展地震活动对相关建设工程破坏机理的调查评估，为修订完善有关建设工程的强制性标准、采取抗震设防措施提供科学依据。

第六十六条　特别重大地震灾害发生后，国务院经济综合宏观调控部门会同国务院有关部门与地震灾区的省、自治区、直辖市人民政府共同组织编制地震灾后恢复重建规划，报国务院批准后组织实施；重大、较大、一般地震灾害发生后，由地震灾区的省、自治区、直辖市人民政府根据实际需要组织编制地震灾后恢复重建规划。

地震灾害损失调查评估获得的地质、勘察、测绘、土地、气象、水文、环境等基础资料和经国务院地震工作主管部门复核的地震动参数区划图，应当作为编制地震灾后恢复重建规划的依据。

编制地震灾后恢复重建规划，应当征求有关部门、单位、专家和公众特别是地震灾区受灾群众的意见；重大事项应当组织有关专家进行专题论证。

第六十七条　地震灾后恢复重建规划应当根据地质条件和地震活动断层分布以及资源环境承载能力，重点对城镇和乡村的布局、基础设施和公共服务设施的建设、防灾减灾和生态环境以及自然资源和历史文化遗产保护等作出安排。

地震灾区内需要异地新建的城镇和乡村的选址以及地震灾后重建工程的选址，应当符合地震灾后恢复重建规划和抗震设防、防灾减灾要求，避开地震活动断层或者生态脆弱和可能发生洪水、山体滑坡和崩塌、泥石流、地面塌陷等灾害的区域以及传染病自然疫源地。

第六十八条　地震灾区的地方各级人民政府应当根据地震灾后恢复重建规划和当地经济社会发展水平，有计划、分步骤地组织实施地震灾后恢复重建。

第六十九条　地震灾区的县级以上地方人民政府应当组织有关部门和专家，根据地震灾害损失调查评估结果，制定清理保护方案，明确典型地震遗址、遗迹和文物保护单位以及具有历史价值与民族特色的建筑物、构筑物的保护范围和措施。

对地震灾害现场的清理，按照清理保护方案分区、分类进行，并依照法律、行政法规和国家有关规定，妥善清理、转运和处置有关放射性物质、危险废物和有毒化学品，开展防疫工作，防止传染病和重大动物疫情的发生。

第七十条　地震灾后恢复重建，应当统筹安排交通、铁路、水利、电力、通信、供水、供电等基础设施和市政公用设施，学校、医院、文化、商贸服务、防灾减灾、环境保护等公共服务设施，以及住房和无障碍设施的建设，合理确定建设规模和时序。

乡村的地震灾后恢复重建，应当尊重村民意愿，发挥村民自治组织的作用，以群众自建为主，政府补助、社会帮扶、对口支援，因地制宜，节约和集约利用土地，保护耕地。

少数民族聚居的地方的地震灾后恢复重建，应当尊重当地群众的意愿。

第七十一条　地震灾区的县级以上地方人民政府应当组织有关部门和单位，抢救、保护与收集整理有关档案、资料，对因地震灾害遗失、毁损的档案、资料，及时补充和恢复。

第七十二条　地震灾后恢复重建应当坚持政府主导、社会参与和市场运作相结合的原则。

地震灾区的地方各级人民政府应当组织受灾群众和企业开展生产自救，自力更生、艰苦奋斗、勤俭节约，尽快恢复生产。

国家对地震灾后恢复重建给予财政支持、税收优惠和金融扶持，并提供物资、技术和人力等支持。

第七十三条　地震灾区的地方各级人民政府应当组织做好救助、救治、康复、补偿、抚慰、抚恤、安置、心理援助、法律服务、公共文化服务等工作。

各级人民政府及有关部门应当做好受灾群众的就业工作，鼓励企业、事业单位优先吸纳符合条件的受灾群众就业。

第七十四条　对地震灾后恢复重建中需要办理行政审批手续的事项，有审批权的人民政府及有关部门应当按照方便群众、简化手续、提高效率的原则，依法及时予以办理。

第七章　防灾宣传与避险救助

一、防震减灾宣传

（一）防震减灾宣传的重要性

党的十八大以来，以习近平同志为核心的党中央高度重视防灾减灾救灾工作，作出了系列重大决策部署。习近平总书记对地震工作作出了23次重要批示，围绕防灾减灾救灾发表了多次重要讲话。习近平总书记深刻阐述了当前和今后一个时期防灾减灾救灾工作的极端重要性，明确提出了做好防灾减灾救灾工作的方针、发展思路、实现途径和重要任务。

根据习近平总书记和李克强总理的重要批示，国务院办公厅印发了《国家综合防灾减灾规划（2016—2020年）》。该规划指出，要全面贯彻落实党中央、国务院关于防灾减灾救灾的决策部署，坚持以人民为中心的发展思想，正确处理人和自然的关系，正确处理防灾减灾救灾和经济社会发展的关系，坚持以防为主、防抗救相结合，坚持常态减灾和非常态救灾相统一，努力实现从注重灾后救助向注重灾前预防转变、从应对单一灾种向综合减灾转变、从减少灾害损失向减轻灾害风险转变，全面提升全社会抵御自然灾害的综合防范能力，切实维护人民群众生命财产安全，为全面建成小康社会提供坚实保障。这是对我国防灾减灾救灾实践经验的科学总结，具有很强的理论性、思想性、指导性，是防灾减灾救灾的最新理论成果，是推动防震减灾发展的根本遵循和重要指导。"两个坚持""三个转变"的重要论述，内涵深刻，意义重大，指导性很强，为新形势下我国对于地震灾害的防震减灾宣传工作的有效开展指明了方向。

坚持以防为主、防抗救相结合。这是防震减灾的工作方针。地震次生衍生灾害严重，风险隐患关联性很强，特别是核电站、大型石化基地、高坝水库等所在区域，一旦发生强烈地震，风险瞬间爆发。我们要科学把握减轻地震灾害的规律，牢固树立灾害风险管理理念，转变重救灾轻减灾的思想，更加突出"防"的减灾作用，重点做好震前预防的各项工作。防震减灾宣传就是"防"的重要组成部分。在新形势下，防震减灾工作只能更加深入地开展，以突出"防"的减灾作用。

坚持常态减灾和非常态救灾相统一。这是防震减灾的根本思路。常态是基础，非常态是保障，两者相互统一、相互促进。要牢固树立底线思维，立足防大震、抗大灾，关口前移，更加注重平时防范和减轻灾害风险。通过防震减灾宣传可以提高全民减灾意识，促进整个社会的震灾防范水平，达到常态减灾的目的。

从注重灾后救助向注重灾前预防转变。要突出灾前预防，进一步明确灾前预防的战略定位和重要突破口。在汶川地震和玉树地震发生之后，我国的应急救援的力度之大、反应之快、水平之高举世公认，政府、民众和社会团体全部动员起来。可见面对灾害的发生，我国的灾害救助工作已经愈发成熟，但这并不能挽回无数的生命，在新的形势下，我们更应把工作重点放在灾前预防上，通过防震减灾宣传和其他手段，做好灾前的预防工作。

习近平总书记关于防灾减灾救灾工作的重要批示中显露出防震减灾宣传的重要性。对于地震灾害，防震减灾宣传是整个防灾减灾救灾工作中不可缺少的一环。导致重大人员伤亡的地震虽然并不时常发生，但是一旦发生，就会给人民的生命和财产安全带来极大的威胁。汶川地震之后，人们开始加强防震减灾宣传工作。我国把 5 月 12 日确立为"防灾减灾日"。全国各地政府在"防灾减灾日"进行了丰富多样的防震减灾知识宣传（见图 7.1），取得了一些效果，但是仅仅在这一天做宣传是远远不够的。中国是一个自然灾害频发的国家，民众的自救意识和自救能力的培养是扎实细致的生存活动或生命保护行为，是政府和全体民众必须时刻关心的事情，是一个民族高质量生存并且可持续发展的基本素质和重要理念。

图 7.1　门头沟区地震局在石门营新区开展宣传活动

（二）防震减灾宣传的意义

社会公众是防灾的主体，增强忧患意识，做好应急准备是防震减灾工作的重点。现在人们对地震准确预报的能力还十分有限，地震发生的不可预测性则更加突显出平时对公众防震减灾意识培养的重要性。具体来说，防震减灾的宣传有以下几点重要意义：

1. 防震减灾宣传能让人们了解什么是地震

首先要了解地震，才能更好地去防震减灾。地震的科普教育能让人们对地震有更多的认识，扫除盲区。有关地震的知识是人们正确认识地震灾害、辨识地震谣言的基础，有助于民众了解并支持国家防震减灾等相关政策，并有利于保持震后情绪稳定。知道了地震的形成机制和破坏形式，也能更好地指导人们防震减灾。若是对地震常识没有必要的了解，对突发灾难没有心理上的准备，那么面对死神般的天灾，当然不知道该如何是好。

2. 防震减灾宣传能让人们了解什么是地震灾害

人们因为无知，对地震带来的灾害有很多误解，认识很浅。比如民众可能对地震灾害损失影响因素了解不足，单纯地将灾害损失程度与震级大小联系起来，而没有考虑到当地经济发展、人口分布、建筑物抗震设防程度等因素；对余震的轻视；还有对地震所引发的次生灾害，如滑坡、崩塌、泥石流、海啸等的认识不足。这些都将导致自己对的防震减灾工作的不重视，地震发生时给自己的生命留下很多不必要的安全隐患。

3. 防震减灾宣传能让人们产生危机意识

地震并非像火灾一样，火灾偶尔会发生在身边，而地震是绝大多数人一辈子都没经历过的。人们就误以为这样的灾难绝对不会发生在自己的身上，所以抱着"事不关己，高高挂起"的心态，对防震减灾工作漠不关心，当灾难来临时，可能连后悔的时间都没有了。比起地震本身，人们的这种"赌博式"的思想更加危险。通过防震减灾宣传，可以让人们了解地震，特别是让人们形成地震危机意识。有调查显示，在日本，75%的学生认为"在不远的将来，身边可能发生大地震"，有90%的学生表示"最担心的灾害是地震"。由恐惧而生的不是恐慌，而是从娃娃抓起的危机意识和行动。只有当人们意识到这个灾难会发生在自己身边，会对自己的生命造成切实威胁，人们才会主动地防范地震灾害。这种对地震灾害的危机意识将极大地促进整个社会关心防震减灾工作，提高整个社会抵御地震的能力。

4. 防震减灾宣传能帮助全民提高自救互救能力

广泛的宣传能让普通大众学习并掌握防震减灾知识和自救互救技能。只有通过定期，比如一年一次的反复刻印，当地震来袭时，民众才能做到不慌不乱，把所学的技能用在自己的逃生中，提高自救的能力以及互救的主动性与组织性。这也是防震减灾宣传要达到的最重要的目的。民众若是缺乏基本的逃生常识，其结果只能是两种，或束手待毙，或被动待援。

5. 防震减灾宣传的社会意义

防震减灾宣传对社会的意义在于有助于民众识别和地震相关的信息，有效防止由谣言引发的恐慌，保持社会稳定；让民众了解中国防震减灾的基本方针、政府的应急手段与力量、灾后的安抚政策，知道在灾害来临时，政府会尽全力帮助自己从危机中解脱，安稳民心；也可以使各级领导懂得地震灾害的严重性，掌握一定的地震对策常识，震前在思想上、组织上和物质上对防震减灾做好准备，震后立即组织实施救灾对策；另外，防震减灾宣传也有利于地震学科的发展，为地震学科提人才。

6. 防震减灾宣传的成果

在汶川地震中，有超过 60% 的人在震后一周内参加了自救互救、营救幸存者和转移伤员的行动，但仍有约 30% 的人未参加任何互救行动。而在玉树地震中，除了 4% 左右的人没有参加自救互救外，其他人都参加了不同情况的救助活动。显然，与汶川地震相比，玉树地震群众自救互救参与度较高。其中因素有很多，比如与汶川地震相比，玉树地震震级小、震中烈度低，灾区影响范围小（结古镇），且建筑结构类型单一，主要为砌块结构和土木结构，倒塌废墟相对容易搬运和清理，易于开展自救互救活动。但更重要的是，在事隔汶川大地震两年后的玉树地震中，经过宣传和教育，群众的自救互救意识有了明显提高，更加积极地参与到震后的救援与抢险等社会活动中。

7. 对防震减灾宣传忽视的后果

2005 年 11 月 26 日发生的九江 5.7 级地震，虽然震级不高，但却成为 1949 年以来江西省伤亡最多、灾害最重的地震，是典型的"小地震大灾害"。这种现象的产生，不仅受地震本身破坏性及建筑物等设施抗震设防标准的影响，也与当地政府在防震减灾宣传方面所做工作的不足和缺少针对性的灾害宣传与教育有关，从而造成了萍乡地区民众防震减灾意识薄弱的情况，引发"小地震大灾害"的悲剧。

（三）防震减灾宣传手段

坚持常态下的防震减灾宣传工作要求我们从多途径全方位开展。开发针对不同社会群体的防灾减灾科普读物、教材、动漫、游戏、影视剧等宣传教育产品，充分发挥微博、微信和客户端等新媒体的作用。加强防灾科普宣传教育基地、网络教育平台等建设。在地震发生过的地区建立地震遗址公园，为社会各界和广大人民群众提供了一个文明祭奠地震罹难者、开展爱国主义教育、防震减灾科普宣传以及进行地震学术研究和交流的理想场所，发挥防震减灾宣传的窗口和前沿阵地作用。同时，也可仿照日本建设防灾公园，供学生和社会团体参观体验，学习自救技巧，开展避震演习。充分利用"防灾减灾日""国际减灾日"等节日，弘扬防震减灾文化，面向社会公众广泛开展"防震减灾进社区、进校园、进企业、进村庄"行动，使最基层的社区居民、广大中小学生、企业员工、广大农村特别是偏远地区的农民、社会弱势群体增强防震减灾意识，掌握基本避灾、自救、互救技能，达到减灾目的。

二、避险救助

（一）防震演习的必要性

防震演习是指各级人民政府及其部门、企事业单位、社会团体、学校等组织相关单位及人员，依据有关应急预案，模拟应对地震发生的活动。防震演习是人们减轻地震带来的损失的一种极为有效的方式，是人们把平时习得的防震知识和技能应用于实践的一项综合活动。

在汶川大地震和玉树大地震之后，举世公认，我国的抗震救灾工作以及广大同胞的抗震救灾精神都堪称一流。这是值得骄傲的，不过，地震袭来之后再去抗震救灾，毕竟是被动的，人员伤亡也是惨重的。习近平总书记的重要批示也指出，我们应从注重灾后救助向注重灾前预防转变。与地震之后的被动救援相比，地震之前的主动防震更重要。目前公认的防震渠道有三，地震预报、加固建筑物和防震演习。

虽然中、日、俄、美等国在地震预报方面都取得了巨大进展，但未应验的预报和未预报到的地震实在更多。总结预报结果显示，6级以上的陆上地震报准率仅为20%；5至6级中强震报准率更低；准确的短临预报更是凤毛麟角。通过临震预报来实现减灾，难度大、时间长、效果差，不是理想而有效的减灾途径。加固建筑物已在部分地区，特别是大中城市的建设中有了实际的进展，但部分地区依然使用着高危建筑。即便是足够安全的建筑物，在没有事先演习的情况下，仍有可能被室内落物砸伤，出逃无序也会造成人员踩踏事件。所以，防震演习是防震措施中必不可少的一环。

在日本，所有人从学生时代起，就接受过多次防震演习（图7.1）。地震来临时，他们知道应该如何做，正确的步骤是什么。大部分学校每个学期都要搞一次防震演习。演习时，要立刻戴上安全头套（平时座位上的坐垫）以保护头部，然后迅速躲到安全的地方，等晃动停止后，在老师的统一带领下离开教室。通过不断演习，人们明白了在自然灾害发生时人与人的协调与配合最为重要。日本的家庭也进行着防震演习和准备。平时，重物不放在高处，而放在地上或柜子里。家家都有"防灾袋"，里面放有食物和易拉罐装的水，很轻便，一旦发生地震，拿起来就跑。所以，近些年来，尽管日本大震小震时有发生，但人员伤亡并不是很多。下面是中日地震伤亡人数的对比：

日本

1923 年，日本关东，东京、横滨一带大地震，震级：8.3 级，死亡人数：约 14 万人

1927 年，丹后大地震，7.9 级，死亡人数：约 3000 人

1933 年，三陆冲大地震，8.9 级，死亡人数：约 3000 人

1946 年，南海道冲大地震，8.4 级，死亡人数：约 1000 人

1948 年，福井大地震，7.3 级，死亡人数：约 1000 人

1964 年，新潟大地震，7.4 级，死亡人数：26 人

1995 年，神户大地震，7.2 级，死亡人数：约 5000 人

2004 年，新潟大地震，6.8 级，死亡人数：31 人

2011 年，本州岛大地震，9.0 级，死亡人数：1.4 万人

中国

1920 年，宁夏海源大地震，8.6 级，死亡人数：约 20 万人

1966 年，河北邢台大地震，7.2 级，死亡人数：约 8000 人

1970 年，云南海通大地震，7.7 级，死亡人数：约 1.56 万人

1973 年，四川炉霍大地震，7.2 级，死亡人数：约 2000 人

1975 年，辽宁海城大地震，7.3 级，死亡人数：约 1000 人

1976 年，河北唐山大地震，7.6 级，死亡人数：约 24.2 万人

2008 年，四川汶川大地震，8.0 级，死亡人数：约 7 万人

2010年，青海玉树大地震，7.1级，死亡人数：2000多人

可以看出，日本每次大地震之后的平均死亡人数要比中国少很多。不可否认，造成这种对比的原因有很多，但其中一定与日本人平时注重防震演习有着密不可分的关系。在许多外国媒体和个人观感中都提到了日本国民训练有素的应急行动。遇到地震灾害，日本国民一如进入日常所经历的严肃的演习，动作普遍迅速，心态也比较平稳，可称"临大震而方寸不乱，遇重灾而秩序如常"。日本人平时对演习的重视是值得我们学习的。只有认真开展紧急避震逃生的演练，才能将民众平时所学的知识转化为实际防震减灾的能力（见图7.2）。

图7.2　新桥路中学地震应急疏散演练

防震演习一方面使广大群众了解并掌握防灾、避震、脱险及相互救治的知识和技能，提高社会的防灾意识，增强对灾害的承受能力和抗御能力。各部门，如学校、企业和工厂等在模拟中，不断发现问题、总结问题，使各部门在灾害发生时，能够有条不紊地撤离危险地点。另一方面，还能提高政府的组织指挥能力、各部门的协调配合能力和专业队伍的救灾能力，完善并熟悉各种防震预案。一旦发生地震，各岗位人员都能熟练地采取相

应的紧急对策措施，修复交通、通信、供水、供电工程，最大限度地减轻地震灾害，确保社会稳定。

（二）防震避震要点

破坏性地震过程十分短暂。破坏性地震强烈震动时间一般只有十几秒到一两分钟，如果能挨过这一两分钟，就有生存的希望。如何能把自己的生存机率提高到最大呢？

1. 震前应做好应急准备工作

经常发生破坏性地震地区及临近的地区，特别是政府正式发布了地震预报的地区，每个家庭都要认真做好应付地震的准备工作。家庭应准备好食物、水、手电筒、毛巾、口哨、简便衣物、塑料布和简易帐篷、收音机、呼叫机等；对煤气、电闸等做好关闭的应急准备；易燃易爆、剧毒物品不宜放在室内，要妥善安置；重心较高的家具上不堆放笨重物品；房屋正门、楼道、走廊内不堆放杂物，以利人员疏散。发布临震预报后，家庭成员都要听从当地政府的指挥，按指定路线和地点疏散。每个人还应重视并认真参加平时学校、社区、单位组织的防震减灾宣传活动和防震演习。

2. 注意震前的预兆

了解一些地震前的预兆是非常必要的。有些地震是可以预见的，如果我们看到预兆并识别出地震，就能很好地保护自己。比如一般地震前半分钟内，指南针会出现指针乱动的现象，而且家里的其他电器也会出现用电不稳定，比如电灯一闪一闪、音响一颤一颤的；注意动物的反常举动，当地震要来临时，大部分鸟会飞在天上，老鼠会从洞里逃出乱窜，水池或者河里的鱼会不断地跳出水面，翻白肚；地震之前，地表还有可能会冒出一些雾气来，一般是没有颜色或者浅白色的，和平常的雾差不多，有时可能会带一点奇怪的味道，有些地方地震前几十秒内天空可能会呈现异常的颜色，不过这个现象相对少见一些；家里的井水会不断地冒泡，水位忽升忽降，还会变得更加浑浊，甚至可能会出现井水变浅见底的现象；一般3级以上的地震开始之前都会有一些震动的声音从地底传上来，地震越大声音就越沉厚，地震越小的话声音就越尖锐，有点像大石头滚动的声音。生活中若是见到这些现象，那么我们就应该当心，这可能是地震的前兆，并做出相应的准备。

3.地震到来时的避险要点

（1）要保持镇定，不慌乱，意志坚定，抱有希望。理智的头脑能帮助我们做出正确的选择，增大逃生机率。绝对不要选择极端方式逃生，比如跳楼。要坚信自己必定能够获救，不要放弃。

（2）关火。摇晃来临后立即关火，失火立即灭火。平时就要养成即便是小的地震也关火的习惯。地震时发生剧烈摇晃，如果家里有明火存在，或有开着的电源，就很容易发生火灾。关闭火源和电源是把地震损失降低的重要因素。

（3）寻找合适的躲避位置。比较安全的空间有：承重墙的墙根、墙角，卫生间等小房间。暖气管道旁是理想的躲避场所。一来暖气的承载力较大；二来管道内的水能延长人的存活期；三来当人被压时，通过敲击管道可以有效地发出求救信号，引来救援人员。

（4）采取正确的姿势：蹲下或坐下，尽量蜷曲身体，使身体重心降到最低，脸朝下，不要压住口鼻，以利呼吸；抓住身边牢固的物体，以防摔倒或因身体移位，暴露在坚实物体外而受伤。

（5）保护身体重要部位。保护头颈部：低头、闭眼，以防异物伤害；保护口、鼻：有可能时，可用湿毛巾捂住口、鼻，以防灰土、毒气。如果有条件，还应该拿软垫子护住头部。

（6）避免其他伤害。不要随便点明火，因为空气中可能有易燃气体充溢。要避开人流，不要乱挤乱拥，特别是身处公共场合——街上、公寓、学校、商店、娱乐场所等时。

另外，有以下几点误区应该注意。

误区一：发生地震马上逃往户外。地震到来的时候，可能很多人首先想到的就是赶快逃到空旷的地方去。可是有研究表明，在地震发生的短暂的时间里，人在出入或离开建筑物时，被砸死砸伤的概率最大。在以楼房为主的城市，地震发生时逃往户外会带来更大的危险。因为屋顶的砖瓦、广告牌、玻璃墙等都有倒塌的危险。另外，住在高层的人如果都同时逃往户外，容易发生拥挤混乱，造成不必要的伤害。

误区二：躲入大衣柜或其他大型家具里。很多人可能觉得，一些大块头的家具能给人安全感，地震的时候它们没准能是个庇护所。大衣柜虽然结实，但是重心太高容易倾斜，而且人一旦躲在柜子里视野就会受阻，四肢受到束缚，不仅会错过逃生机会，还不利于被救。

误区三：地震来临时，趴在地上。在地震发生时躺卧或趴着的姿势都是很危险的，因为这时身体的平面面积就加大了，这样被物体击中的几率比站着时要大五倍，而且躺卧也不利于身体灵活活动，所以地震时保持正确的姿势至关重要。

总结来说，从发觉地震，到形成破坏的震动来临之间一般有十几秒的"预警时间"，这是我们紧急避险的宝贵时机，必须冷静处置、果断行动，在最短时间内按照要点，采取最佳的措施。任何惊慌失措、麻痹大意、优柔寡断都会将生存希望丧失殆尽。所以无论是家庭还是个人，平时要注意对地震基本知识的学习，了解地震的成因与前兆；掌握破坏性地震发生后的避险知识。平时多多主动参加地震宣传活动，重视并认真参与各部门的防震演习。

（三）不同场合的避震方法

破坏性地震事件中形成破坏和伤亡的主要原因有：建筑物倒塌或被其他倒塌物砸坏；玻璃、玻璃幕墙、砖瓦等破碎掉落；家具或重物倾倒、悬挂物掉落；危险品或有毒气体泄漏、爆炸、燃烧；山崩、滚石、滑坡、泥石流、海啸等。因此，在地震时针对不同场合要尽可能避开相应的危险因素。下面来讲一下不同场合的避震方法。

1. 在室内的避震方法

（1）若在平房或低层建筑物中，且室外比较空旷时，才可力争跑出室外避震。

（2）楼层较高时应躲在结实，不易倾倒，能掩护身体的物体下或物体旁，在教室内可选择躲在课桌下面（图7.3）；空间小，有支撑，易于形成三角空间的地方。室内易于形成三角空间的地方是：炕沿下、坚固家具附近、内墙根、墙角、厨房、厕所、储藏室等开间小的地方。注意，不要躲在窗口、阳台等容易坍塌的地方。

图7.3　在教室内可选择躲在课桌下

（3）应注意，身处高层建筑时，千万不要跳楼。因为地震强烈震动时间相当短促，从打开门窗到跳楼往往需要一段时间，特别是人在地震过程中站立行走困难，如果门窗被震歪、变形开不动，那耗费的时间就更多。另外，当楼层过高时，跳楼可能摔死或摔伤，即使安全着地，也有可能被楼顶倒塌下来的东西砸死或砸伤。也不要坐电梯，电梯容易卡住，而且也有可能因为突然停电被困住。

2. 在人员密集的公共场所的避震方法

（1）要听从现场工作人员的指挥，在学校的同学要听从老师的统一安排。不要慌乱，不要拥向出口。避免拥挤踩踏，避开人流，避免被挤到墙壁或栅栏处（见图7.4）。

（2）在影剧院、体育馆等处：就地蹲下，或趴在排椅下；用背包等保护头部；等地震过去后，听从工作人员指挥，有组织地撤离。

图7.4　学校师生应急疏散时要注意秩序、不要慌乱

（3）在商场、书店、展览馆、地铁、工厂等处：选择结实的柜台、商品（如低矮家具等）或柱子边，以及内墙角等处就地蹲下，用手或其他东西护头。注意避开玻璃门窗、玻璃橱窗、玻璃柜台或玻璃幕墙；避开高大不稳或摆放重物、易碎品的书架及货架；避开广告牌、切忌急忙冲出，切勿乘坐电梯。注意天花板上的吊灯、吊顶、电扇等高耸、悬挂物，以防掉下来砸中。

3. 户外避震方法

（1）避开高大建筑物或构筑物如楼房，特别是有玻璃幕墙的建筑；避开过街桥、立交桥、高烟囱、水塔；避开其他危险场所，如狭窄的街道、危险物品、危墙、女儿墙、雨篷和砖瓦等物品的堆放处。

（2）避开危险悬挂物，如变压器、电线杆、路灯、广告牌、吊车等。

（3）如在空旷地，可原地不动蹲下，双手保护头部，注意高大建筑物或危险物，不要急着回到房屋去，以防余震的发生。

（4）就地选择开阔的绿地、广场、露天体育场避震。

4. 在行驶的电车或汽车内的避震方法

（1）行驶中的车辆，不要紧急刹车，应减低车速，靠边停放。如果行驶在高速公路或高架桥上，应小心迅速驶离。汽车要避开立交桥或高架桥行驶。

（2）在公交车内应抓牢扶手，以免摔倒或碰伤；降低重心，躲在座位附近；地震过去后再下车（见图7.5）。

图7.5　公交车上的避震方法

5.野外的避震方法

（1）避开山边的危险环境，如山脚、陡崖，以防山崩、滚石、地裂、滑坡等。

（2）躲避山崩：要向垂直于滚石前进方向跑，切不可顺着滚石方向往山下跑；也可躲在结实的障碍物下，或蹲在地沟、坎下；特别要保护好头部。

（3）遭遇山体滑坡时要迅速撤离滑坡两侧边界外围（见图7.6）。

图7.6　发生山体滑坡时，应逃往两岸躲避

（4）在海边的地区还应关注政府信息，谨防海啸的发生。听到海啸的警报声音响起，不要犹豫，立刻离开海边。迅速往地势高的地方跑，直到抵达安全的地方才可以停下来。逃离到安全的避难地以后，可以通过电视、收音机等随时关注海啸的信息，在警报没有解除的时候应该待在安全的地方，不要再回到海岸边。

（四）地震中自救互救的重要性

1. 自救、互救和公救

地震的救援分为 3 种，自救、互救和公救。其中，自救与互救对救援埋压在废墟中的灾民起决定性作用。

自救是灾民在地震发生后，利用自己的智慧、所学避灾技能、精神、体力等实施的自我救援活动。主要包括从地震的废墟中逃脱，利用事先准备好的或能拾到的物资充饥、御寒和搭建简易窝棚等，让自己能够维持生命，直到救援人员的到来。

互救是灾民与灾民之间，或者非灾民与灾民之间的救援行为。这也是灾民的道德修养与心理素质的体现，有人在地震后只顾自己的性命安危，也有人会因为伤痛和恐慌而精神崩溃，失去自救互救能力。在应急救援阶段，互救者往往是家庭成员、左邻右舍的居民、本乡本土的乡亲以及途经该地域的路人。互救的内容相当广泛，例如：帮助救援被困者，分发生活必需品（饮用水、食品和衣物等），看护伤员，保卫重要部门，传递灾情信息等。

公救是救援组织指挥下的救援活动，属党政军有组织的救援行为。中华人民共和国成立后，我国重大地震灾害的公救都是在党中央、国务院和中央军委的领导下展开的。首先成立各级抗震救灾组织机构，指挥救援。这是重大地震灾害能够举全国之力、全军之力快速、有效和准确救援的组织保障。公救速度之快、力度之大与准确性之高，是我国多年来抗震救援经验的积累，也是社会主义优越性在防震减灾领域的重要体现。

2. 自救与互救的重要性

自救互救是地震救援中受困人员获救的主要方式。突发性破坏地震来临时，地震中释放的巨大能量不仅能让房屋倒塌、掩埋灾民，还会导致道路破坏、通信中断等，这些因素会严重阻碍灾后的救援工作的开展，使公救力量进入灾区的时间拖后。这种情况在我国西部多山地区尤为明显。而灾后把被困人员越早救出就越能提高他们的生存机率。由于公救具有一定的滞后性，所以在地震发生后的第一时间，自救与互救就显得十分重要，毕竟当地民众是地震事件的"第一响应人"（见图 7.7）。

　　世界卫生组织（WHO）定义救援的重点是"黄金 72 小时"。统计数据显示，人的生命在特殊环境下能够坚持的时间为：没有氧气只能坚持 5 至 7 分钟；没有水能坚持 5 至 7 天；没有食物能够坚持 15 到 30 天。然而，人被压埋在废墟之中，体能和抵抗力会明显下降，同时难免受伤并出现伤口，一些厌氧细菌，如破伤风、气性坏疽等病菌趁虚而入，蔓延三天后往往就会引发严重感染，极易致人死亡。此外，长时间被挤压的四肢、臀部等肌肉丰满的部位很容易出现组织坏死，导致"挤压综合症"，会严重威胁生命。因此，从医学的角度，国际上通常将 72 小时作为灾害中被埋压人员生命的临界点，正如世界卫生组织的专家所指出的，72 小时后，救出来的要么是尸体，要么是奇迹。

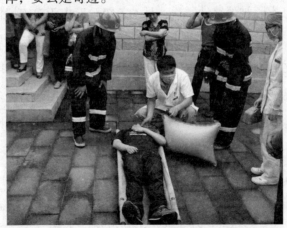

图 7.7　门头沟区孟吾村村民在学习应急救援知识

　　自救与互救最突出的特点在于其有很高的时效性。在世界灾难史上，受灾群众自救互救救出来的人命，远远多于公救。因为外界救援进入灾区需要一定的时间，再加上受地势地形及信息中断的影响，外界救援不可能在第一时间内展开。如果在"黄金72小时"内进行有效的自救互救，就能最大限度地赢得时间，最大程度地减轻伤亡。汶川地震，震后79个小时首条生命通道才贯通，省会城市成都通信曾一度中断。而地震后，映秀镇的漩口中学，经过受灾群众2个多小时的手刨到出血的努力，救出了全校80％的师生，创造了低伤亡率的奇迹。可见，自救互救是最为有效的一种救助方式。

3. 历史上大地震中自救互救重要性的体现

1976年唐山7.8级地震后，唐山市区（不包括郊区和矿区）的70多万人中，约有80%～90%，即60多万人，被困在倒塌的房屋内，而通过市民和当地驻军的自救互救，80%以上的被埋压者获救。震后半小时的救活率高达95%，第一天的救活率也在80%以上，第二天、第三天急剧降低到30%～50%，一周以后被埋压者生存的可能性极小，生存十几天的只有个例。灾民的自救与互救使数以十万计的人死里逃生，大大降低了伤亡率。

1995年日本阪神淡路地震后，日本各级政府由于对灾情估计不足而反应迟缓，协调不力。虽然震后1小时兵库县就成立了"地震灾害对策本部"，但自卫队救灾主力在第二天才开始进入灾区，而首相也是在地震后第三天才到达灾区视察；并且地震发生后几天，日本政府拒绝了许多国家救援队的援助，使震后的应急救援工作严重滞后，致使应急救援工作只能依赖于当地灾民的自救互救。据统计数据显示，3.5万获救人员中共有2.7万人是被近邻救出的。

1999年台湾9·21集集地震后，由各地消防队和自发的志愿者所组织的救灾队伍，从受损或倒塌的建筑物中救出超过5000人。

2010年青海玉树地震发生后第一天灾民自救互救情况表明，有47%的人主动寻找家人和亲友，33%的人帮助救助邻居和附近人员，说明震后绝大部分人员最先联系的是自己的家人、亲友或邻居，最先采取的行动也是寻找他们，而且积极帮助和解救近邻人员。

由此可见，自救互救在震后抢险救灾中起着重大作用。

（五）地震后被困者自救的要点

主震过后，作为个人，一般会处于两种状态：一是被重物或倒塌物压埋的非自由状态；二是毫发无损或轻度外伤的相对安全的自由状态。若是不幸被困，要尽量保护好自己，树立生存的信心，在等待救援的同时，采取一定措施，应注意以下几点：

自己要沉住气，不要绝望，情况再糟糕也请相信一定会有人来救你，不断地安慰自己，保持希望。若是身上有伤，要尽量包扎伤口、止血等，自我救护。仔细观察周围的环境，把一切能用来求生的东西收集过来。

设法避开身体上方不结实的倒塌物、悬挂物或其他危险物；搬开身边可以搬动的碎砖瓦等杂物，扩大活动空间。注意，搬不动时千万不要勉强，防止周围杂物进一步倒塌；设法用砖石、木棍等支撑残垣断壁，以防余震时进一步被埋压。

保持呼吸畅通，尽量挪开脸前、胸前的杂物，清除口、鼻附近的灰土。闻到煤气及有毒异味或灰尘太大时，设法用湿衣物捂住口、鼻。

努力呼救。地震时若不幸被压在了废墟里，要努力呼救。听到身边有动静时，可以用力并有节奏地敲击周围物体，最好是管道，声音就能够传播出去。地震时自己呼救的声音很难被外界听到，但管道的声音较容易被外界发觉。但应注意，周围没有动静时，不要盲目挣扎，保存体力至关重要。

与外界联系不上时，可试着寻找通道。观察四周有没有通道或光亮；分析、判断自己所处的位置，从哪儿有可能脱险；试着排开障碍，开辟通道。若开辟通道费时过长，费力过大或不安全时，应立即停止，以保存体力。